JN058877

DOJIN
SENSHO

96

チョウの翅は、なぜ美しいか

その謎を追いかけて

今福道夫 著

① 背面（左）が美しく、腹面（右）が隠蔽的なコノハチョウ（第2章）

メスアカミドリシジミ　キリシマミドリシジミ　ハヤシミドリシジミ　ヒロオビミドリシジミ

ウラジロミドリシジミ　フジミドリシジミ　ウラクロシジミ　ウラミスジシジミ

クロミドリシジミ　アカシジミ　ウラゴマダラシジミ　ミドリシジミ

O型　A型　B型　AB型

② ミドリシジミ類12種の雄（上3段：第3、5章）と、ミドリシジミ雌の四つの型（最下段：第11章）

③ 前方から見ると美しく、後方から見ると地味なメスアカミドリシジミ（上段）と、見る方向によって色彩の変わらないアカシジミ（下段）（第 7 章）

④ リュウキュウムラサキの雄。前方から見ると後翅の白い紋が青い輪で飾られる（第 2 章）

⑤ やや後ろから見ると前翅のみ輝くメスアカミドリシジミ（第 7 章）

⑥ ジョウザンミドリシジミの地味なモデル（A 上）と派手なモデル（A 下）。地味なモデル（B）および派手なモデル（C）への侵入雄の軌跡。軌跡上の白点は 1/30 秒ごとの位置。M はモデル、I は侵入（第 10 章）。文献 41 を改変。

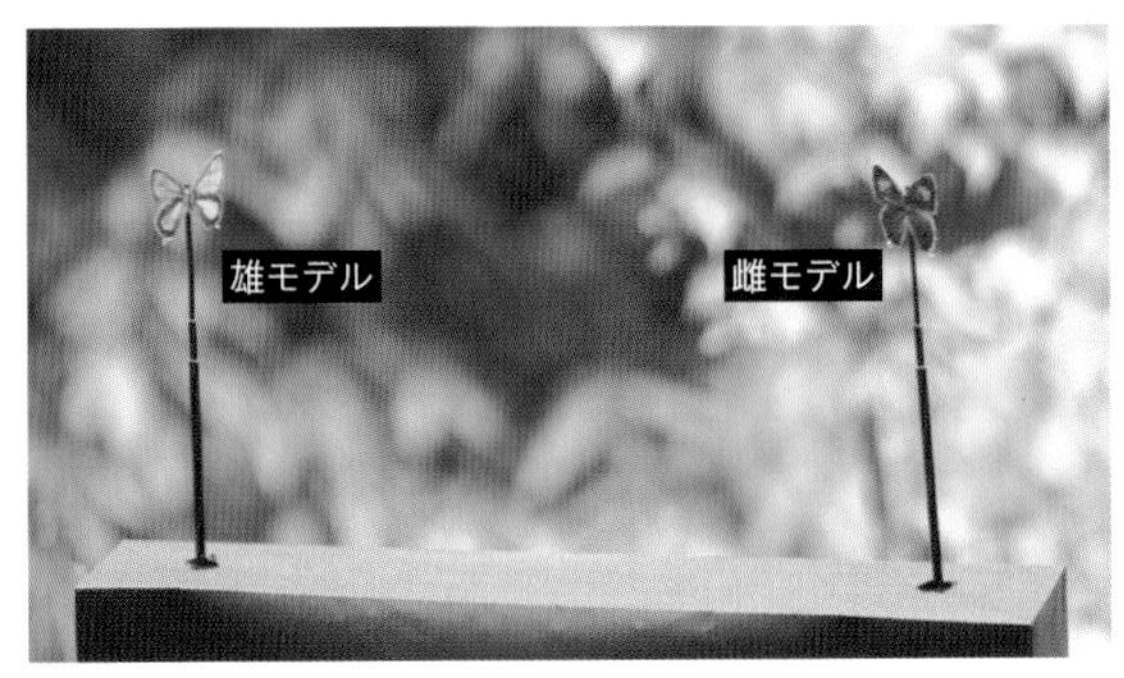

⑦ メスアカミドリシジミの雌雄識別実験装置（第 11 章）

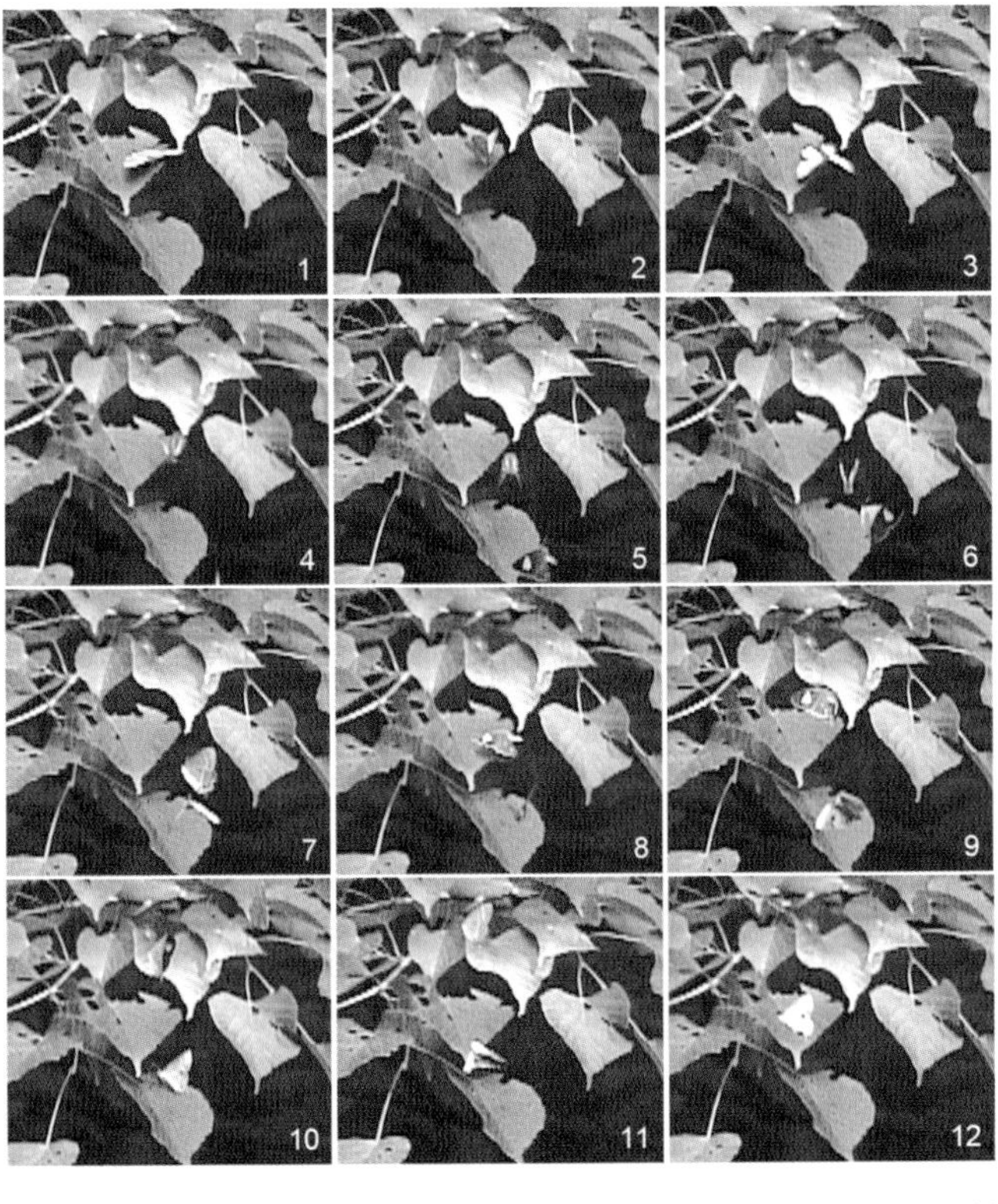

⑧ 雄縄張りへ侵入するメスアカミドリシジミの雌。詳細は本文参照（第 13 章）。文献 54 を改変。

⑨ ジョウザンミドリシジミの交尾。上が雄（第 13 章）。文献 54 より。

⑩ 翅を開いて求愛するヤマトシジミの雄（12 章）。文献 51 より。

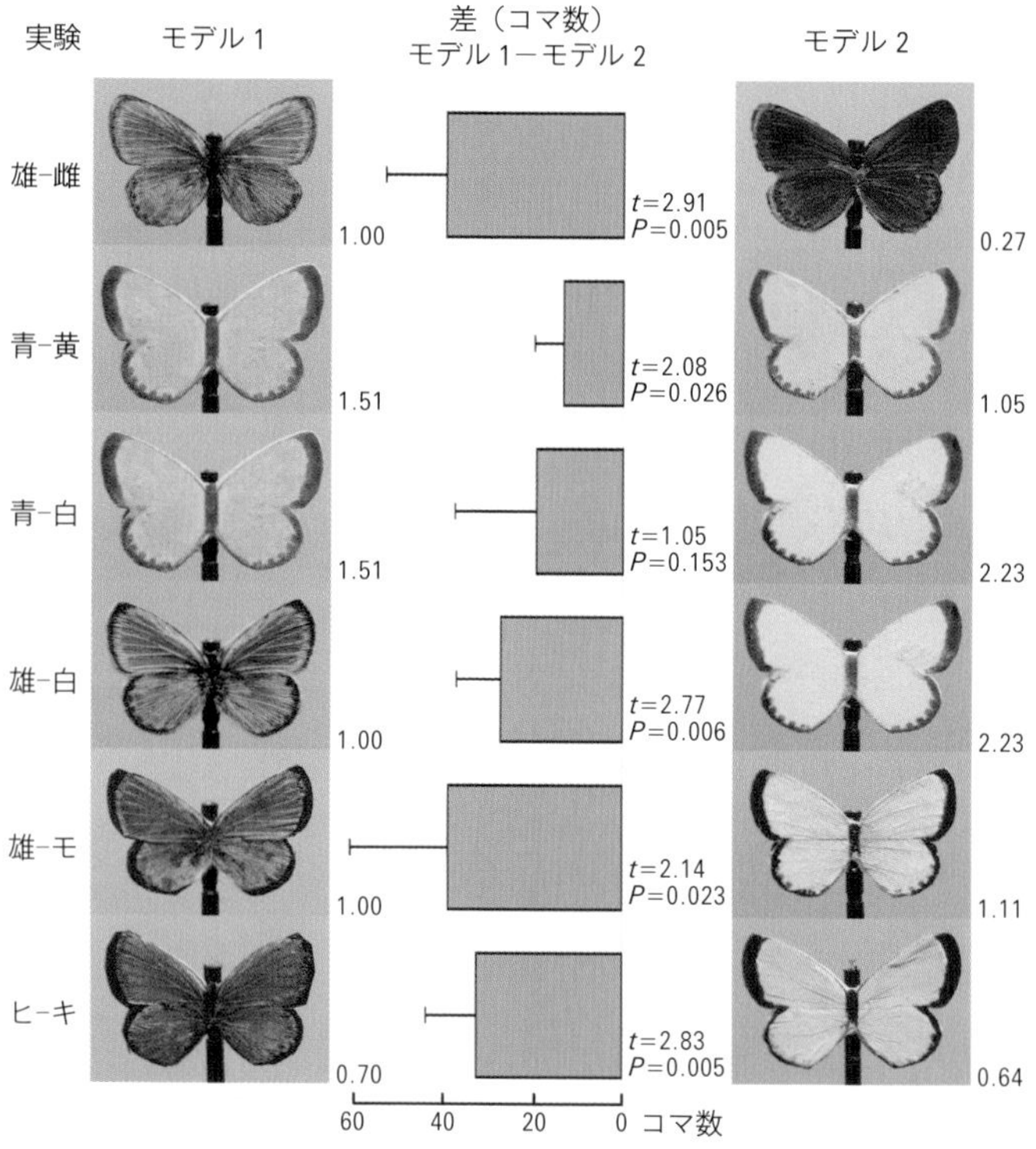

実験	モデル 1	差（コマ数）モデル 1－モデル 2	モデル 2
雄-雌	1.00	t=2.91 P=0.005	0.27
青-黄	1.51	t=2.08 P=0.026	1.05
青-白	1.51	t=1.05 P=0.153	2.23
雄-白	1.00	t=2.77 P=0.006	2.23
雄-モ	1.00	t=2.14 P=0.023	1.11
ヒ-キ	0.70	t=2.83 P=0.005	0.64

60 40 20 0 コマ数

⑪ ヤマトシジミの実験結果（中央のグラフ)。「実験」の欄の「モ」はモンシロチョウ、「ヒ」はヒメシジミ、「キ」はキチョウ。グラフの右の数値は統計量。各モデル右下の数値は表面の輝度（第 14 章)。文献 58 を改変。

まえがき

この世に美しい生きものは多い。熱帯の鳥、花、さんご礁の魚、タマムシ、青く輝くモルフォチョウ……。わが国には俗にゼフィルスと呼ばれる、雄がキラキラと輝く翅（はね）をもつミドリシジミの仲間が生息する。当然のことながら、それらは私たちを楽しませるために美しくなっているわけではない。彼らには彼らの論理があって美しくなっているはずである。

大地に根ざした植物は動き回れる動物を利用しようと、甘い蜜で虫たちを呼び寄せるが、ひとたび訪れた虫が別種の花に花粉をもって行かないよう、花は虫が覚えやすいような種に特有な色や形をしている。背景から目立つ赤や黄といった果実の色は、種子を運んでもらうための植物から鳥たちへのメッセージと言えよう。

さんご礁の、とりわけ縄張り性の魚のきらびやかな体色は、動物行動学者のコンラート・ローレンツによると、同種の仲間を寄せつけないための信号だという。動物では一般に雄の方が雌より美しい。それは雌を誘引するための手段であることが、最近の研究からいくつかの鳥や魚でわかってきている。

では、動物の中でもとりわけ色彩豊かなチョウはどうだろう。体内に毒をもつチョウはふつう派手な色をしている。それは「私を食べない方がいいぞ」という捕食者への警告と見なされ、「警告色」と呼ばれている。また、無毒でありながら毒チョウに似れば捕食者から身を守ることができる。この現象は「擬態」としてよく研究されている。警告色にしろ擬態色にしろ、その色彩は潜在的捕食者へのメッセージであり、異種に向けられた信号である。

これに対し、とりわけ雄に見られる派手で美しい色彩は、チョウにおいても種内的に何らかの働きをもつことが予想される。他の雄の排除や雌の誘引といった働きがあるかもしれない。しかし、そのあたりのところは十分調べられているとは言えない。

そもそもチョウの雄が美しいのは、雌が美しい雄を好むからだという説がある。私が関心をもつミドリシジミの仲間は、とりわけ雄がキラキラと輝いて美しい。それは、いかにも雌を魅了しそうである。ミドリシジミの仲間の雌の好みを、ぜひとも見たいところである。ところがこれが難しい。ミドリシジミ類は樹上性であり、また繊細でもある。はなはだ扱いにくい生きものである。それでも何とかできないものかと、いろいろな試みをしてきた。そんな中、雄の輝きが色素でなく構造色に基づくことや、雄の翅が前方に偏った光を反射することがわかってきた。また、雌の色覚は必ずしも雄の翅の色に対応しないことや、ミドリシジミ類の雄は、他種とは異なり、求愛時に翅背面を雌に見せないこともわかってきた。さらに雄同士の争いが雄を美しくする可能性を示唆する証拠も得られた。雌による雄の色への好みはミドリシジミ類では確認できなかったが、別の種ではこれが証明された。本書では、チョウの翅の色についての疑問や、その解明の試み、そこで得られた発見のプロセスなどを紹介する。未知の問題への挑戦は楽しい。本書を通じて、チョウの世界を垣間見るとともに、そのような楽しみが伝われば幸いである。

チョウの翅は、なぜ美しいか ◉ 目次

第1章

梢上の花　～チョウとの出会い～

私がチョウに関心をもつようになった、きっかけから話をはじめよう。子供のころ私は目が悪かった。中学に入ったばかりの健康診断で「濾(ろ)胞性結膜炎」と診断された。当時東京の国立(くにたち)に住んでいた私は、同病のN君とともに授業を抜けて、隣の立川市の総合病院に通うことになった。暗い廊下から呼ばれて入った診察室は白と銀色とガラスの世界だった。治療は目を洗浄した後ガラス棒でべたべたのものを塗られるだけで、とりわけ痛いことをされるわけではなかった。それでも暗い病院から明るい外へ出たときは嬉しかった。玄関前の池を覗いたり、カラタチの生け垣でアゲハチョウの幼虫を探したりした。病院の敷地には正門のほかに細い道の先に裏門があり、そこでは一人のおじさんが蛇の粉を売っていた。コーヒーのミルのような機械

の上から、とぐろを巻いた蛇の黒焼きを入れて横のハンドルを回すと、下から黒い粉が落ちてきた。それを紙袋に入れて売っていた。これを見るのが楽しみで、「早くお客さん、来ないかなあ」と待ったりもした。

樹上のチョウ

学校に近づくにつれて次第に足が重くなった。なにしろ公認で外出しているのである。すぐには戻りたくなかった。国立は国木田独歩の言う「武蔵野」に属し、当時は雑木林がたくさんあった。カブトムシでも探そうとクヌギを見て回ったが樹液は出ていなかった。常套手段として、虫の落下を期待して木を揺すったり蹴ったりした。しかし何も落ちてこなかった。樹上を見上げると小さなオレンジ色のものが葉上を舞っていた。「何だろう」、「あ、あっちに行った」。止まった樹を揺すって、「向こうに回った」といった調子で眺めていた。

この出来事は非常に印象的だった。チョウと言えばモンシロチョウやアゲハチョウは知っていたが、花も何もない樹上にチョウがいるなど思いもしなかった。その日、家に帰るとすぐに近くの雑木林に行き、先ほどのように雑木林の中を歩き回って樹を揺すり続けた。しかし何も見つからなかった。やむなく雑木林を出ようとして近くのクリの樹を見上げると、その花にオレンジ色のものが止まっていた。手が届きそうなくらいに見えた。

図 1-1　アカシジミ（左）とウラナミアカシジミ（右）

翌日さっそくN君にこれを報告した。「オレンジ色の翅に白い筋があって……」と説明したが、彼は「そんなのは違う」と認めなかった。「こんな近くで見たんだから」と言っても、黒板に絵を描いてもダメだった。結局、二人は昼休みに図書室へ行くことになった。

図鑑を開いて二人はびっくりした。開かれた本の両ページには小さなシジミチョウがたくさん載っていた。オレンジ色はもとより、青、緑、白、そして点々のあるものや筋のあるものが並んでいた。結局二人とも正しかった。N君の言う前日二人で見たのは、翅の裏に黒い点々のある「ウラナミアカシジミ」で、私が一人で見たのは白い筋のある「アカシジミ」だった（図1－1）。私にウラナミアカシジミがわからなかったのは、視力が弱かったためである。二人はもはやどちらが正しいかなど主張せず、ただ茫然と図鑑を眺めていた。

それから一週間もしないうちに私たちは網を手に入れ、いく種類かのチョウを採集していた。とにかく私は三男という自由な立場から、家に帰るとすぐに鞄を放り出して毎日のように雑木林に通った。

そのうちN君が「ミドリシジミが採れた」と報告してきた。さっそく網をもって彼に従った。暗い雑木林の隙間から長い竿の網で枝を叩くと、逃げ回る黒いものを見つけた。しかし枝の陰でどこに止まったかわからない。N君は要領を得ているのだろう、「採れたぞ!」と大声で報告してくる。しかしこちらは一向に採れない。いく度か枝を叩いた後、やっと一頭を網の中に入れるのに成功した。長い竿を倒して近づくと、白い網の中で黒いものが動き回っていた。だがとても緑色には見えない。ところが光の加減だろうか、羽ばたいた翅が一瞬キラッと緑に光った。深い緑だった。「ミドリシジミって、こんな色なんだ」。図鑑で見た色とは違って、はるかに美しかった。五〇年も後になってわかることだが、その色はモンシロチョウやアゲハチョウのように色素によって作られているのではなく、翅表面の鱗粉の微細構造によって作られる構造色なのである。構造色はとりわけ強い光を特定の方向に放つ。

その後、雑木林の入り口では黒地に青い筋のあるルリタテハ（図1－2）や珍しいクロシジミなどを採った。採るもの採るものすべてが新しく楽しかった。網を手に雑木林を眺めながら

図 1-2　身近に見られるルリタテハ

「この中にどれだけのチョウがいるだろう」

と図鑑のページを思い浮かべた。

高価なチョウ

そのうち、さらに採集地を広げて山梨や信州を訪れ、国立では絶対に見られないクジャクチョウやキベリタテハといった美しいチョウを手に入れた。わが国には三〇〇種以上のチョウが生息しているが、その当時もっとも新しく見つかり、もっとも珍しい種としてヒサマツミドリシジミが知られていた。鳥取県の久松山(きゅうしょうざん)で発見されたことから、それを読み替えてこの名がついている。たまたま繋ぎ竿購入のため東京渋谷の「志賀昆虫普及社」を訪れたとき、そのショーウィンドウにこのチョウを見た。それは構造色に基づくグリーンに輝く小型の美しいチョウで、その脇には「八〇〇〇円」と値札が付いていた。それは非常に高いものだった。当時の記憶ではたしかラーメン一杯が三〇円で、配達してもらうと三五円だったように思う。現在のラーメンは六〇〇円程度だろうから、これをもとに計算すると、この小さなチョウ一頭の値段は今なら「一六万円」ということになる。当時その高価な値段を見たとき、私は二つのことを思った。「こんなに高い値のチョウだから、一生かかっても僕には採れないだろうな」といった絶望的な感覚と、「かりにここに八〇〇〇円があったとしても、僕は絶対こんなものは買わないぞ。チョウは切手やコインと違う。自分のこの手で採るものだ」といった挑戦的な感覚だった。幸い数十年後には雑誌や知人からの情報のお蔭で、このチョウを採集することができた。

こうしてチョウの収集に励んでいたのだが、そのうち受験も控えているので昆虫採集どころではなくなった。せっかく集めた標本を、一緒に虫集めをしていた近所の子にあげた。そして高校の生物の先生の勧めで東京農工大学へ行くことになった。そこにはアゲハチョウの研究でよく知られた日高敏隆先生がおられた。その先生の勧めでさらに京都大学の大学院へ進むことになった。

大学院ではゾウリムシの接合や、ヤドカリの殻を取り合う行動の研究をしていた。せっかく京都へ来たのだから「お寺参りでもしよう」とよく市内を歩き回ったが、関心は絶えず身の回

図 1-3　日光浴をするムラサキシジミ

りのチョウに向いていた。お茶屋の前の打ち水にはウラギンシジミが戯れていたし、お寺の生け垣のカシの葉ではムラサキシジミが日光浴をしていた（図1－3）。直射日光を受けたムラサキシジミの濃いブルーの翅は、苔むした庭に並ぶ秋のカエデよりはるかに美しく見えた。

そうこうしているうちに東京農工大学にいた日高先生が、教授として京都大学の私たちの研究室に着任した。日高先生はヨーロッパで興った動物行動学をわが国に定着させようと活躍していた。幸い私もその研究室に勤務することになり、動物行動学を深く知るようになった。この新しい学問は、動物の「行動の起こる仕組み」を追求するだけではなく、なぜ動物はそのように振舞うのかといった

「行動の目的」の解明をもその範疇に置いていた。動物の色彩やその働きも当然、研究対象となる。とりわけ興味深いのは、クジャクに見るような雄のきらびやかな色彩である。なぜ雌は地味なのに雄は派手なのか。こうした学問上の考えは、私に昔のチョウの経験を想起させた。アカシジミは雄も雌も全く同じ色で、翅からは雌雄の区別ができない。それには腹端の交尾器の観察を必要とする。これに対しミドリシジミの雌雄の区別は容易である。雄は全面輝く緑色だが、雌はほとんど焦げ茶色である。なぜある種は雌雄同じ色なのに、別の種は雌雄で色が違うのだろう。また雌雄で色が違うときは、なぜ雄ばかりが派手なのだろう。いつかそんなことにも挑戦したいと思っていた。

チョウに興味をもった中学生のころ、よく読んだ本がある。その本のアカシジミを扱った章のタイトルは、たしか「梢上(しょうじょう)の花、アカシジミ」というものだったように思う。

第2章

クジャクの雄　〜自然淘汰と性淘汰〜

なぜチョウの雄は美しいのだろう。たしかにミドリシジミの雄は美しい。だがそれはチョウに限ったことではない。クジャク、キジ、カモといった鳥のほか、グッピーのような魚でも明らかに雄の方が美しい。こうした一般的現象に対して、はじめて説明を与えたのは進化論で有名なチャールズ・ダーウィンである。

美を求める雌

ダーウィンは一八五九年に『種の起源』を著し、その中で自然淘汰説を提唱した。生きものの形や性質（形質）に生存にとって都合のいいものと悪いものがあるなら、前者をもつものはよりよく生き残って子を作る。その結果、生存にとって都合のいい形質は子に受け継がれ、巷に広まることになる。これに対し生存にとって都合の悪い形質をもつものは、生存率が低く子孫を残しにくい。したがって生存にとって不都合な形質は、この世から消えていくことになる。

ところが生きものの中には、ときに生存に不都合と思われるものがある。たとえばミドリシジミの雄の輝きが、そうだろう。およそチョウなどという小型の動物は食われる立場にある。とても食物連鎖（食う食われるの関係）の上位に位置するとは思われない。そうなら、彼らは被食を免れるべく隠蔽的な色をしているべきである。では、なぜミドリシジミの雄はあのように目立つのか。これはどうみても自然淘汰では説明できない。そこで、このような現象に対してダーウィンは「性淘汰」の考えに至った。

今ここに派手な目立つ個体と地味で目立たない個体がいるとする。すると前者は捕食者に狙われやすく生存率が低い。当然、子を残す確率は低くなる。そこで派手な目立つ形質はこの世から消えて行きそうである。にもかかわらず派手な個体がいるのは、それが雌に好まれるからではないかとダーウィンは考えた。かりにどんなに生存に都合のいい形質をもっていても、雌から好まれなければ繁殖できず、子を残せない。子が残せなければ、どんなに好都合な形質といえども次世代には伝わらない。これに対し、少々生存に不都合だろうが雌から好まれれば、何とか生き残った一部の個体は繁殖することができ、子を残す。その結果、そのような形質は次世代へ受け継がれることになる。つまり、雌が美的センスをもっていて美しい雄を好むなら、彼女らは美しい雄と交配して美しい息子を生むことになる。こうして雄の翅は美しくなるという理屈である。

ダーウィンは『種の起源』の発表から一二年後の一八七一年に、『人間の由来と性に関する淘汰』と題する本を発表し、その中でこの考えを述べている。とくに一一章をチョウやガの仲間である「鱗翅目（りんしもく）」にあて、チョウの色彩を詳細に検討している。

まずチョウの翅の表（背面）と裏（腹面）に着目し、静止時に見える裏は「保護色（隠蔽色）」であり、開いたときに見える表は種内の「信号色」であるという。そう言われるとたしかにチョウの翅の裏は目立たない傾向がある。これに対し、表の派手さはミドリシジミのみならず多くの種で見つかる。こうした例で最適なのはコノハチョウかもしれない。その裏は葉脈をもつ枯葉そっくりなのに対し、表は黒から青みがかった地に太いオレンジ色の帯がある（口絵①）。ダーウィンによると、派手な表の色模様は種内の信号であり、とりわけきらびやかな雄の翅は、雌を誘引するための手段であるという。その本（一八八三年版）の三二九ページには、「雌を熱心に探すのは雄だから、雌は多少なりともより美しい雄を好み、その結果雄はその美しさを獲得した、と考えるべきだ」と書かれており、またその数行下では、「一頭の雌を多数の雄が追うのを見ると、交配が盲目的な偶然に委ねられていて、雌が何の選り好みもせず、雄を飾り立てている派手な装飾に全く影響されないとは、とても思えない」と述べている[1]。また三一七ページでは、「鱗翅目には美しい色彩を愛でる心的能力があるだろう。たしかに彼らは色彩を頼りに花を見つけ出している」とも述べている。

ダーウィンの言う、雌には美的センスがあり美しい雄への好みが美しい雄を作り出した、という考えは正しいだろうか。これに異議を唱えたのはダーウィンと同時代に活躍し、博物学の分野で大きな貢献をしたアルフレッド・ウォーレスである。ここではまずウォーレスとはどんな人物か見てみよう。

生物地理学者ウォーレス

ウォーレスは南米のアマゾン川や東南アジアのマレー諸島を訪れ、鳥や昆虫などさまざまな動物の標本を集め、それらの生態や分布の調査をしていた。そうした中、マレー諸島の調査中に動物分布上の重要な発見をした。この調査でウォーレスはまずシンガポールに向かい、ボルネオ島を訪れた後、その東にあるセレベス島へ向かうことを計画していた。だがウォーレスがシンガポールへ戻ったときには、セレベス島行きの直行便はすでに出てしまっていた。そこで次の便を待つことにしたが、三か月ほど待っても適切な便は見つからず、やむなくウォーレスはロンボク島経由でセレベス島へ行くことにした。この船便でのトラブルについて、「もしマカッサル（セレベス島）への直行便をつかまえることができたなら、……東洋探検の中でももっとも重要な発見のいくつかを逸していたに違いない」とウォーレスは後日回顧している[2]。

ウォーレスの乗った船は、まずジャワ島の東端にあるバリ島に寄港した。そこの動物相はこれまで見たものとそれほど変わらなかったので、ウォーレスは採集などにはあまり力を入れなかった。バリ島を離れた船は、次にすぐ東隣のロンボク島に到着した。この島でウォーレスは二か月半ほど過ごすのだが、そこの動物たちがこれまで見たものとは格段に異なることに気づいた。先のバリ島ではゴシキドリ類、ツグミ類、キツツキ類といった鳥がごくふつうに見られたが、ロンボク島ではそれらは全く見られず、一方これまで見なかったキバタン類、ミツスイ類、ツカツクリ類といった鳥がごくふつうに見られた。その後ウォーレスは、さらに東のセレベス島やティモール島、ニューギニア島、その周辺の島々、またバリ島よりも西のジャワ島やスマトラ島を訪れるのだが、これらの地域に生息する動物相は、バリ島とロンボク島の間を境として、その東と西で大きく異なることを見つけた。

バリ島とロンボク島は二五キロメートルほどしか離れていない。またどちらも小さな火山島で気候や地質もよく似ている。それにもかかわらずこれら両島で動物相が大きく異なるのは、過去における海底の隆起などによる地続きの変化が大きく作用したのだろうと、ウォーレスは考えた。西側の似たような動物が見られるボルネオ島と、スマトラ島やジャワ島は距離にして二〇〇～三〇〇キロメートルも離れている。しかしそれらはバリ島も含めてすべてごく浅い海で隔てられている。これに対しバリ島とロンボク島の間のロンボク海峡は水深二〇〇メートルを超える深い海である。そこには動物分布上の重要な境があり、そこより西側にはサル、ヤマネコ、ゾウ、リスなど東アジア系の動物群が見られる一方、東側にはカンガルー、オポッサム、カモノハシなどオーストラリア系の動物群が見られる。この境界線は後にトマス・ハックスリーにより「ウォーレス線」と名づけられた。こうした貢献などからウォーレスは「生物地理学の父」と呼ばれている。

ダーウィンへの反論

話を戻そう。ウォーレスはダーウィンとは親しい友人だったが、彼らは互いに独立して自然淘汰の考えに至った。そして、それは一八五八年に共同論文（joint paper）として学会で発表された。このように二人はともに自然淘汰説の主張者だったが、必ずしもすべての意見において一致していたわけではない。感触としては、ダーウィンは淘汰における個体間の競争を重視したのに対し、ウォーレスは環境の作用を重視する傾向があった。また明瞭に異なったのは、生物界に広く見られる雄の美しく顕著な色彩についてである。ダーウィンは前述のように雌による好みが作用したという「性淘汰説」を主張したが、ウォーレスはこれを認めなかった。ウ

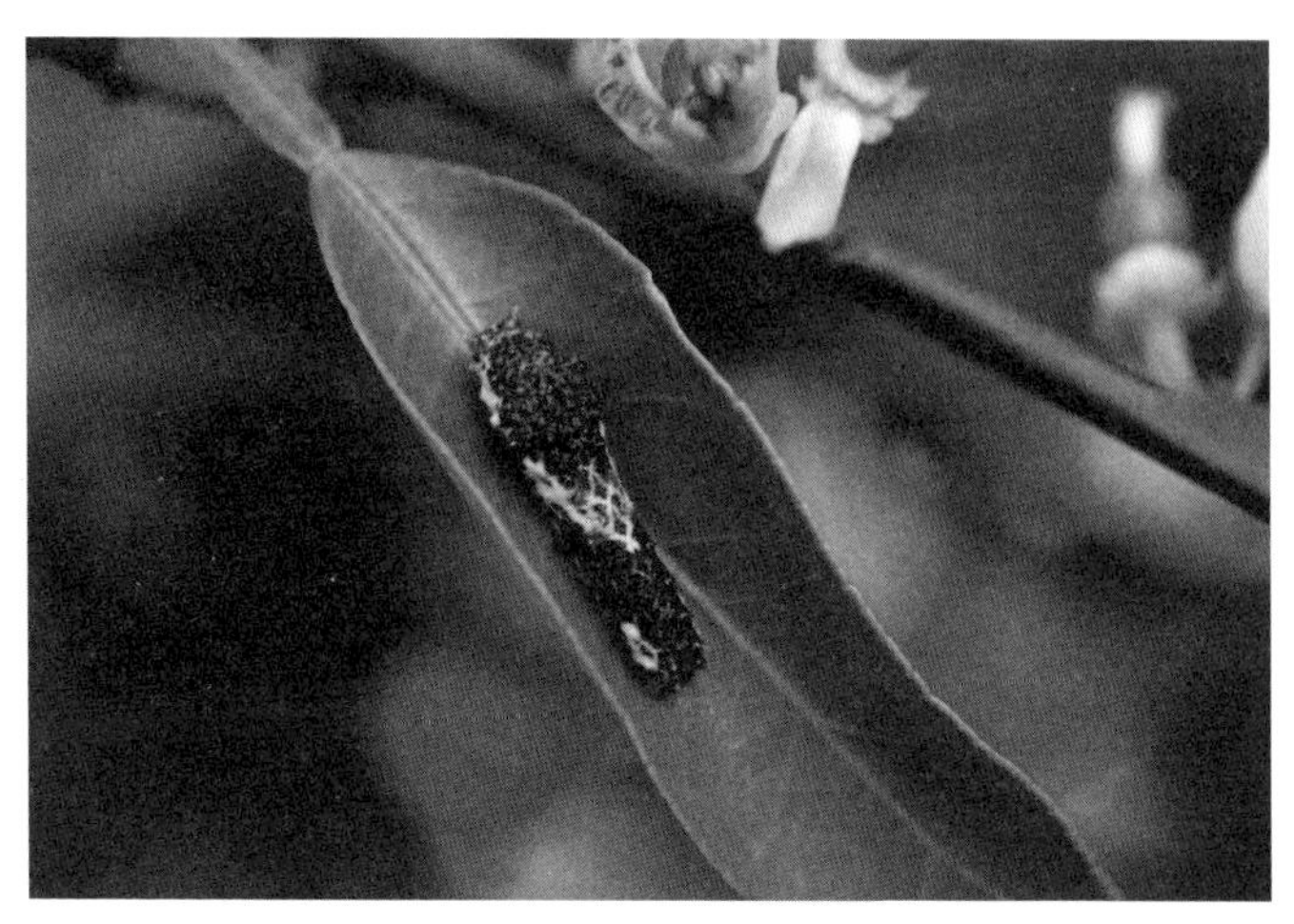

図 2-1　鳥の糞に擬態するアゲハチョウの幼虫

ォーレスは一八八九年に『ダーウィニズム――自然淘汰説の解説とその適用』という本を著し、その一〇章「性に特徴的な色彩と飾り」の中でダーウィンへの反論を展開している。[3] ここではその一部を紹介しよう。

ウォーレスはまず、動物に見られる基本的な色彩には「保護色」と「警告色」、そして「認知色（recognition color）」があるとした。「保護色」は、バッタやカマキリなどに見られるような背景に溶け込む目立たない色であり、またアゲハチョウの幼虫のように、食べられない鳥の糞に似るような擬態的色彩（図2－1）も保護色に含めた。「警告色」は、逆に派手な目立つ色彩で、それは針や毒といった武器をもつハチやヤドクガエルなどに見られる。無毒のチョウでも有毒のチョウに似れば身を守ることができる。この現象はベイツ型擬態と呼ばれているが、そうした色彩も警告色の仲間に入れた。「認知色」は同種の仲間の相互認知に関わるもので、それは草食動物など弱い立場の動物の集団形成に使われたり、また交雑回避にも使われる。近縁種の雄同士はしばしばはっきり異なる目立った色彩をもつが、それは異種間の交雑回避に役立つという。雄の派手な色彩は、この最後の認知色に含められる。

さて、ウォーレスのダーウィンへの反論だが、こんなものがある。チョウではしばしば数頭の雄が一頭の雌を追うのが知られているが、これについて「ダーウィンは、雌が選択しなければ配偶は偶然に委ねられると言うが、そこで選ばれるのはより輝く特別な雄ではなく、もっとも活発でもっとも忍耐強い雄だろう」と反論する。「そして、これこそ本当の自然淘汰である」と付け加える。つまりウォーレスによれば、雌が美しい雄を好む「性淘汰」など働かず、単に自然淘汰によって生じた強い雄が雌を得ているだけのことになる。

またこんな反論もある。チョウの色彩を愛でる心的能力について、チョウはとりわけある色彩の花を訪れる傾向があるが、それは「色自身に対する好み」の証明には全くならない。そうではなく、甘く美味しい蜜を提供するある色の「花への好み」に過ぎないという。

ダーウィンは一八八〇年にネイチャー誌（*Nature*）に、いく種類かのチョウの標本について研究者から聞いたり、大英博物館で見せてもらったりしたときのことを書いているが(4)、それらは雄と雌で色彩の異なる性的二型の種で、とくに雄が美しい翅をもっていた。とりわけ興味深いことに、それらのチョウは見る方向によって色が違っていた。リュウキュウムラサキの雄の翅は、後方から見ると黒地に白い紋が六つほど見えて清楚な感じだったが、前方から見たときには白い紋の周囲は美しく青く輝く光輪によって飾られた（口絵④）。またコムラサキの仲間では、前方から見たときにのみ緑と青に輝く実に美しい色調が浮かび上がった。チョウの雄は求愛の際に翅を羽ばたかせるので、これらの翅背面の輝きは、雌を魅了ないし興奮させるためのものに違いないと書いている。この記述に対してウォーレスはこう指摘する。この翅の色彩は、雄が雌に接近するときに雌によって知覚され、そして性淘汰によって発達してきたと言われるが、通常チョウの雄は雌を追い、雌の上でホバリング（停止飛翔）する。そのような位置関係では、雌は雄の背面など見えないはずである。雌が雄の翅の背面を見るためには、雌は雄の上にいて、雄に向かって飛んで行かなければならない。これは全く事実に反する。

ただこの点に関しては、私はウォーレスが完全に正しいとは思わない。ウォーレスの言うように雄が通常雌を背後から追うのは正しいが、着地後の交尾直前には雄は雌の横ないし斜め後ろに位置し、しばしば翅を開閉する（口絵⑩参照）。昆虫の眼は頭のかなりの部分を占め、球状に膨らんでいる。トンボの目玉を想像して欲しい。その眼は身体の前方や横方はもとより、かなり後方まで見ることができるはずである。米国アリゾナ州立大学のロナルド・ルトウスキーの測定によると、チョウは体軸の真後ろを除く三四四度の範囲が見えるという[5]。したがって雌は求愛する雄の開かれた翅を、雄のほぼ正面から見ることができるだろう。

雄に特徴的な武器や色

さらにウォーレスの意見に耳を傾けよう。動物の雄はしばしば雌を巡って争う。そこで雄には牙や角といった武器が備わっている。しかしこうした武器がなくとも、雄はさまざまな形で競争している。昆虫の雄は雌より早く羽化したり、渡り鳥の雄は雌より早く繁殖地に到着したりと、少し遅れて羽化ないし到着する雌を手に入れようとしている。こうした競争的現象に対して、ダーウィンははじめて「性淘汰」という語を使った。しかし彼は、これを「自然淘汰」や「雄間の競争」とは関係ない、「雌による好み」といった領域まで広げてしまった。そのような必要は全くない。たしかに雄は武器以外に美しい色彩をもったりさまざまな音声を発したりするが、それらは雌雄間の認知に役立ち、雄から雌への「誘い（invitation）」と言えよう。そしてたとえば声なら、大きくよく届く声は自然淘汰によって説明できるだろう。色の場合、もしもっとも美しい者がもっとも健全かつ活発でなかったら、また子孫を残すもっとも優れた本能をもたなかったら、それらは最適者ではなく、生存もしなければ子孫を残すこともないだろう。他方、もしこれら（色彩と生存力）の間に相関があり、飾りが自然の産物で、優れた健康や活力の直接的な結果とするなら、そのような飾りを説明する他の淘汰など必要ない。「自然淘汰」の作用は、「雌による淘汰」の存在を否定するものではないが、それを全く無効にしている。また「雌による淘汰」を支持する証拠などほとんどない。「性淘汰」の語は雄間の闘争に限るべきであり、それは「自然淘汰」の一形態である、というのがウォーレスの考えである。

ウォーレスの主張の要点は、自然淘汰が強い雄を作り出し、色彩と生存力の間に相関があるなら、結果として美しい雄ができるという点である。色彩と生存力の間の相関については、何となくわかる気がする。私たちは健康で活発だと顔色が明るくなり、体調を崩すと顔色が青白くなる。またニワトリの雄の赤い「とさか」は、病気になると紫色を帯びるという。

一方、ウォーレスの主張には疑問もある。ウォーレスは上記のように、雄特有の色彩や音声は雄から雌への「誘い」だと簡単に片づけているが、「誘い」という行為自身、雌による選択を前提としているだろう。雌は雄の誘いに乗るか乗らないかを選べる立場にある。雌には雄を選ぶ余地が残されている。また米国ハーバード大学のロバート・シルバーグリードは、性淘汰に関する研究をまとめた論文の中で、近縁種間の雄で互いに色彩がはっきり異なるのは交雑回避のためだとウォーレスは述べているが、「交雑回避と雌による選択の否定がどのように両立するのか理解し難い」と指摘している。(6) 雌による雄の色へ好みがあるからこそ、交雑回避が実現するはずである。このようにウォーレスの主張にはやや弱点がある。それはともかく、ダーウィンは雌の好みを主張しウォーレスはこれを否定している。結局のところこの問題は、雌による好みの有無を実証実験によって検討する必要がある。これについては、さらに後の章で触れることにしよう。

二つの性淘汰

ここで言葉を整理しておこう。「自然淘汰」とは、捕食者や暑さといった周囲の自然的・生物的環境の作用による淘汰である。捕食者を素早く発見する形質や暑さに耐えうる形質は、自然淘汰の作用によって作られる。これに対し、配偶相手の獲得のような子孫の増加に関わる淘汰が「性淘汰」である。現在では性淘汰は「同性内（雄－雄間の）淘汰」と「異性間（雄－雌間の）淘汰」に分けられている。カブトムシの雄は雌の訪れる樹液場を巡って争うが、角のより長い雄の方が角の短い雄より勝率の高いことがわかっている[7]（図2－2）。したがってカブトムシの雄の長い角は雄同士の争い、つまり「同性内淘汰」によって生じたと考えられる。一方、ダーウィンの言うように雌によって雄が美しくなる作用は、雌から雄への効果なので「異性間淘汰」ということになる。生物の世界に「自然淘汰」と「同性内淘汰」が作用することはウォーレスもダーウィンも認めているが、「異性間淘汰」についてはウォーレスは否定的である。

少し補足しておくと、性淘汰は「同性内淘汰」と「異性間淘汰」に分けられるが、両者は必

図 2-2　長い角をもつ方が強いカブトムシの雄

ずしも排他的ではない。つまり同性内淘汰が働いていれば、異性間淘汰は働かないというものでもない。フロリダ半島に生息するハマヒメドリでこんな研究がある。(8) この鳥の雄を一時的に歌が歌えないように処置すると、その雄は雌を獲得できず、またすでに配偶者を保持していても、それに逃げ去られてしまう。さらに鳴けない雄は、縄張りを獲得するのが遅れ、またすでに保持している場合でも他の雄の侵入によって縮少されたり奪われたりする。雄が鳴き声を回復すると、大きな縄張りの確保が可能となり、また雌もやって来る。この鳥の歌は、他の雄の侵入を防ぎかつ雌を誘引するという二つの機能をもっている。同性内淘汰と異性間淘汰が同時に働く例である。

第3章

ミドリシジミの仲間　～分類と学名～

ダーウィンの言う「性淘汰」はチョウの世界で働いているだろうか。たしかに雌が美的センスをもっていて美しい雄を好むなら、雄は美しくなるだろう。だが問題は、雌が本当に美しい雄を好むか否かである。この問いには、とりわけ雄が美しい種の雌たちの好みを調べるのがいいだろう。そうした意味では、雄の翅が緑に輝くミドリシジミは相応しいように思われる。その美しい翅はいかにも雌を魅了しそうである。またこんな疑問も生じる。アカシジミは雄も雌も全く同じ色だが、だとするとこの種の雌はどのような好みをもつのだろう。この種の雌は色には全く無関心なのだろうか。あるいは雌は自分と同じ色を好むがゆえに、雄の色は変異しないのだろうか。いずれにせよ、これらの種の雌たちがどのような好みを示すか、ぜひ見てみた

いところである。ミドリシジミ類はこれからたびたび登場するので、それらはどのようなチョウなのか、ここで見ておくことにしよう。

種の分類

私がチョウに関心をもつきっかけを作ったアカシジミも、その後印象深く採集したミドリシジミも、それらはいずれも「ミドリシジミの仲間」なのである。一方は「アカ（正確にはオレンジ）」、他方は「ミドリ」と全く違う色なのだが、交尾器などの形態から近い仲間であることがわかっている。ミドリシジミ類の現在の基本的分類を確立したのは、九州大学におられた白水隆先生らである。その成果は九三ページにおよぶ論文として発表されている(9)。また、この仲間は俗に「ゼフィルス」とも呼ばれている。それは、かつてこれらの種がゼフィルス（*Zephyrus*）と呼ばれる「属」に分類されていたからである。

ここで「属」という語が出てきたので、少し生きものの分類に触れておこう。私たちの周囲にはトンボ、バッタ、イヌ、カエルなどさまざまな生きものがいるが、それらは一定の規則のもとに分けられている。その規則は言わば住所に似ている。たとえば私は日本人であり、京都府に住み、また京都市内の××町に居住している。そして苗字と名前がある。国、府あるいは県、市、町などは社会組織の単位だが、それは広いものから狭いものへと次第に狭まっていく。

生きものの場合には、広さ（正確には類縁の範囲）を表すのに「界」、「門」、「綱」、「目」、「科」、「属」、「種」という語が使われる。ミドリシジミの場合には、もっとも広くは「動物界」に属し、続いて「節足動物門（脚に関節をもつカニやクモ、ムカデ、ハエなどの仲間）」、「昆虫綱」、「鱗翅目（翅に粉のような鱗粉をもつチョウとガの仲間）」、「シジミチョウ科」、「ミドリシジミ属」に分類され、最後に「ミドリシジミ」という種になる。ここで言う「界」、「門」、「綱」……などは分類の単位を表し、「分類階級」と呼ばれる。ただこれだけでは多様な生きものを十分うまく整理できないこともあり、しばしば「目」や「科」の下には「亜」が付されて「亜目」や「亜科」といった階級が作られたり、上には「上目」や「上科」が作られたりする。さらに「科」と「属」の間にはときに「族」が作られることもある。したがってアカシジミやミドリシジミなど旧ゼフィルス属に分類されていた仲間は、現在は「シジミチョウ科」、「シジミチョウ亜科」、「ミドリシジミ族」の所属となる。結論的には、かつてのミドリシジミ属がミドリシジミ族に格上げされたのである。ちなみに最近の新しい分類体系では、かつてゼフィルス属の脇にあったムラサキシジミ属も、ミドリシジミ族に含められている。

ここでわが国に生息するチョウ全体を眺めてみよう。わが国には三三〇種近くのチョウが生息するが、それらは五つの科に分けられている。アゲハチョウやギフチョウを含むアゲハチョウ科が三一種、モンシロチョウやモンキチョウを含むシロチョウ科が三九種、オオムラサキやジャノメチョウを含むタテハチョウ科が一三二種ともっとも多く、シジミチョウ科が八七種、そしてダイミョウセセリやイチモンジセセリを含むセセリチョウ科が三九種である。シジミチョウ科は、タテハチョウ科に次いで二番目に大きいグループである。補足するなら、やや古い図鑑にはジャノメチョウ科やマダラチョウ科といったグループが見られるが、それらは最近ではすべてタテハチョウ科に含められ、それぞれジャノメチョウ亜科ないしマダラチョウ亜科に分類されている。

シジミチョウ科の中を覗くと、アシナガシジミ亜科二種とウラギンシジミ亜科一種以外の、他の八四種はすべてシジミチョウ亜科に属する。シジミチョウ亜科の内部は、最大のヒメシジミ族四五種、続いてミドリシジミ族二九種、カラスシジミ族八種などである。ヒメシジミ族には、庭や路傍にごくふつうに見られるヤマトシジミ、小川の土手などで見かけるツバメシジミ(これは後翅に細く短い「尾状突起」と呼ばれる尾をもち、その付け根に赤い斑点があるので、すぐわかる)、林縁部などでよく見かけるルリシジミ、また秋に豆の畑で大発生するウラナミシジミなどが含まれる。これらはふつう雄の翅が青いので、欧米では「blues(青い仲間)」と呼ばれている。

学名は必要

このように私たちの周囲には多様なチョウが生息しているが、それらにはすべて名前が付されている。モンシロチョウやアゲハチョウは身近な種だが、その呼び名は「和名」と呼ばれる。だがそれはわが国でしか通用しない。モンシロチョウは、英語では「small white（小さなシロチョウ）」あるいは「cabbage white（キャベツのシロチョウ）」と呼ばれ、ドイツ語では「Kleiner Kohlweissling（小さなキャベツのシロチョウ）」と呼ばれる。生きものには国境はなく、したがって同一の生きものを国ごとに違えて呼ぶのは好ましくない。そこで科学の世界では万国共通の名として「学名」が使われている。それはラテン語で、ちょうど苗字のようなグループを表す「属名」とその種の名としての「種名」の組合せで構成されている。一七〇〇年代に活躍したスウェーデンの博物学者カール・フォン・リンネが定式化した方式で「二名法」と呼ばれている。ある種の名前は属名と種名より構成される。私たちにもちゃんと学名があり、属名は「*Homo*（ヒト）」であり種名は「*sapiens*（賢い）」である。私たちは本当か否かは別として「賢い人」なのである。

モンシロチョウの学名は *Pieris rapae* で、近縁のスジグロシロチョウの学名は *Pieris melete* である。*Pieris*（ギリシャ神話の文芸を司るミューズ女神）[10]が属名であり、*rapae*（カブ）や *melete*（ミューズ女神たちの初期の一人）が種名である。言わば *Pieris* という家族に *rapae* や

melete という兄弟姉妹がいるようなものである。ミドリシジミの仲間の場合、先述のように、それは「ギリシャ神話の西風の神」を意味する *Zephyrus* という属に含められていた。それは、これらのチョウが初夏の西風の吹くころに出現するからである。だがこの分類の仕方は一九三〇年ごろのものである。当時わが国からは二〇種が記載されており、ゼフィルス属は大家族だったのである。その後研究が進んだり、また新種も見つかったりして、このグループは現在わが国では一四属に分けられ、二五種が知られている。それらは学術的には「ミドリシジミ族（tribe Theclini）」としてまとめられている。だが相変わらずゼフィルスといった旧分類名もアマチュアなどの間で広く使われている。

和名は意味がわかりやすく親しみやすいので、多くの人たちがよく知っている。他方、学名となると専門家以外にはあまり知られていない。それは私たちにとっては非常に馴染みにくいものだからである。しかし生物学を志す人は、自分が扱う分野の生物の学名くらいは覚えておく方がいいようである。私はかつて和歌山県白浜の瀬戸臨海実験所に滞在し、海の動物を調べていたことがあるが、こんなことがあった。この実験所は海外にもよく知られていて、しばしば国外の研究者が訪れた。あるとき米国の研究者がやって来て、私に海岸を案内して欲しいと言ってきた。喜んで引き受け、汐の引いた時間によく知った海岸を案内した。すると彼は岩に付着したイソギンチャクを指して「これは何だ」と聞く。見るとタテジマイソギンチャクだった。さすがにそのまま「タテジマイソギンチャク」と答えたのではわからないだろう。だからといってこの種が米国で何と呼ばれているかわからない。そこで「イソギンチャク（sea anemone）の一種だ」と答えた。すると、「イソギンチャクくらい見ればわかる。何の種だ?」と聞く。彼は学名を聞いているのである。学名がわかれば、同属の種が米国にいれば「あいつの仲間か」と彼にはその種の位置づけができるのだろう。だが私はタテジマイソギンチャクの学名を知らなかった。そこで止む無く「わからない」と答えた。次に彼は岩の上を這うマツバガイを指して、「これは何だ」と聞く。「カサガイ（limpet）の一種だ」と答えると、「カサガイくらい見ればわかる。What species!」と聞く。こうして私が二、三種答えられないと、「もういい」ということになった。いかにも「この男は何にも知らないやつだ」と言いたげだった。国外の人に対しては、和名をいくら知っていても、何も知らないのと同じである。このときつくづく学名は覚えておくべきだと思った。そして多少の海岸動物や、また身近なツバメやスズメ、ネコなどの学名も記憶したことがある。もうほとんど忘れてしまったが。

変わった学名

私たちには学名は極めてわかりにくい。ただの英語でさえ苦手なのに、それに輪をかけて学名は馴染みにくい。それは学名がラテン語だからである。そもそも学名にラテン語が使われるのには理由がある。国際的に共通の名前は、公平的視点からどこの国でも使われていない語を採用するのが好ましい。そこで、今ではほとんど死語となっているラテン語が採用された。これなら英米人、フランス人、ドイツ人などにも公平である。この点に関しては日本人も同じなのだが、やはり私たちには明らかに大きなハンデがある。欧米の言語は語源的にラテン語に由来していたり、またその大きな影響を受けている。だから彼らは学名の意味をすでに知っていたり、容易に理解する。意味がわかれば、それは記憶しやすい。これに対し私たちにとって学名は純粋に外来語であり、全く別世界の言葉である。そこで私たちはしばしば学名でスペルの間違いを犯す。私の師、日高先生は学生の論文を見るとき、まず学名からチェックしたという。

こうした背景から学名は馴染みにくいものなのだが、それを知ると類縁関係がある程度わかるというメリットもある。属名と種名で構成されているからである。またその意味を知るのは、ときに面白いこともある。たとえば、雄が緑に輝くメスアカミドリシジミ *Chrysozephyrus smaragdinus* の種名は「エメラルドの」という意味で、属名は「金色のゼフィルス」という意味である。また、濃い青に輝くウラジロミドリシジミ *Favonius saphirinus* の種名は「サファイアの」を意味し、属名は「(ギリシャ神話ではなく) ローマ神話の西風の神」である。輝きをもつ美しいチョウには宝石が種名として与えられている（これらの種の色彩については口絵②参照)。オレンジ色の翅をもつアカシジミ *Japonica lutea* は、和名では「赤」なのだが、ラテン語

の *lutea* は「黄金色の」を意味し、属名の *Japonica* は「日本」を意味する。

学名には形や性質などを表す語のほか、地名や人名なども使われるが、ときに変わったものやよくわからないものがある。ミドリシジミの仲間からいくつか紹介しよう。翅の表が銀色に輝き、裏が黒っぽいウラクロシジミ *Iratsume orsedice* の種名はギリシャ神話に出てくる男神の「オルセディケ」で、属名は邦語の「いらつめ（郎女、若い女子を親しく呼ぶ語）」に由来する。また翅の表が黒地で基部寄りに大きな青い紋をもち、裏面がオレンジの地に白い文字様の筋をもつウラミスジシジミ *Wagimo signatus* の種名は「文字形の斑紋のある」という意味で、属名は邦語の「わぎも（吾妹、男が妻や恋人など女性を親しく呼ぶ語）」に由来する。これらの種はいずれも姿が美しく（**口絵②**）、また稀な種でもある。こう見てくるとミドリシジミ類のコレクターないし研究者は男性が多いようで、対象動物を女性のごとく慕っているように思われる。さらにミドリシジミの仲間にはミズイロオナガシジミ *Antigius attilia* というのがいる。その種名は「ローマ人の氏族の古い名」と辞書に出ているが、属名はいかにもラテン語らしいにもかかわらず辞書には出ていない。それもそのはずで、これはスギタニルリシジミを発見するなどチョウの世界で活躍した杉谷岩彦氏の名に由来している。苗字の Sugitani の文字を適当に入れ替えて作った「アナグラム」なのである。

魅力的なグループ

ミドリシジミの仲間をまとめると、わが国では合計二五種を産し、そのうち最大のグループはオオミドリシジミ属（*Favonius*）で、七種より成り、それ以外の属は一〜三種より成る（表3－1）。ここでとりわけ重要なのは、オオミドリシジミ属やメスアカミドリシジミ属

表3-1　わが国に産するミドリシジミ類25種

和　名	学　名
メスアカミドリシジミ	*Chrysozephyrus smaragdinus*
アイノミドリシジミ	*C. brillantinus*
ヒサマツミドリシジミ	*C. hisamatsusanus*
キリシマミドリシジミ	*Thermozephyrus ataxus*
ミドリシジミ	*Neozephyrus japonicus*
オオミドリシジミ	*Favonius orientalis*
ジョウザンミドリシジミ	*F. taxila*
エゾミドリシジミ	*F. jezoensis*
ハヤシミドリシジミ	*F. ultramarinus*
ヒロオビミドリシジミ	*F. cognatus*
ウラジロミドリシジミ	*F. saphirinus*
クロミドリシジミ	*F. yuasai*
フジミドリシジミ	*Sibataniozephyrus fujisanus*
ウラクロシジミ	*Iratsume orsedice*
ウラナミアカシジミ	*Japonica saepestriata*
アカシジミ	*J. lutea*
カシワアカシジミ	*J. onoi*
ムモンアカシジミ	*Shirozua jonasi*
チョウセンアカシジミ	*Coreana raphaelis*
ウラキンシジミ	*Ussuriana stygiana*
ウラゴマダラシジミ	*Artopoetes pryeri*
ウラミスジシジミ	*Wagimo signatus*
ミズイロオナガシジミ	*Antigius attilia*
ウスイロオナガシジミ	*A. butleri*
オナガシジミ	*Araragi enthea*

（*Chrysozephyrus*）などに含まれる「…ミドリシジミ」と呼ばれる種のほとんどは、雄が緑ないし青に輝く翅をもつ一方、雌はこげ茶色を基調とした地味な翅をもつ。いわゆる「性的二型」の種である。これに対し、「…ミドリシジミ」と呼ばれない種のほとんどは、雌雄でほぼ同じ色彩の翅をもつ「性的一型」の種である。ミドリシジミの仲間は性的二型と一型の種をほぼ半々含んでいる。

さらにこのグループは、行動的な多様性をも含んでいる。チョウの仲間では雄による雌獲得手段として古くから「縄張り型」と「パトロール型」が知られている[11]。縄張り型の雄は目立つ枝先などに止まり、その周辺を監視して他の雄を排除したり雌に接近したりする。一方パトロール型の雄は、雌の居そうな空間を持続的に飛び回って雌を探す。ミドリシジミの仲間には、明瞭な縄張り行動を示す種としてメスアカミドリシジミやジョウザンミドリシジミが、典型的なパトロール飛翔を示す種としてアカシジミやウラゴマダラシジミが知られている。このようにミドリシジミの仲間は、色彩的・行動的視点から大変興味深いグループである。

第4章

三つの方針 〜研究へのアプローチ〜

ミドリシジミの仲間は二五種と適当な数の種を含み、またそこには性的二型の種と一型の種が適当なバランスで含まれている。行動の多様性も見られる。このように、このグループは研究対象としては魅力的だが、行動学的視点からはあまり調べられていない。それにはそれなりの理由がある。

扱いにくい仲間

まず第一に気づくのは、彼らは樹上性であるという点である。その採集にはときに九メートルにおよぶ繋ぎ竿を使う必要がある。そんなチョウの行動など自然界ではとても観察はできない。それならチョウを捕まえてケージの中で観察すればいいではないか、と思うかもしれない。だがこれが後で述べるように、ほとんどうまくいかない。

また彼らの中には極めて稀な種もおり、一日中走り回っても見つからない種もある。そのような種はしばしばコレクターの的となっている。もう五〇年以上も前のことだが、当時よく見た横山光夫著『日本原色蝶類図鑑』（保育社）のミドリシジミの仲間のダイセンシジミ（ウラミスジシジミ）の項には、「蒐集家垂涎の種」と書かれていた。収集家が涎を垂らすほど採りたいチョウなのである。そんなチョウは形態や採集記録のような調査ならまだしも、行動の観察をベースとする行動学的研究には不向きだろう。

さらにミドリシジミ類のもつ特性として年一化性というものがある。成虫は一年に一回しか出現しない。それは種により多少のずれはあるものの、だいたい六月から八月までに限られる。だからその時期に観察や実験がうまくいかないと、翌年回しとなる。成虫が年に数回出るモンシロチョウやアゲハチョウなら、そのような心配はいらない。ミドリシジミ類の多くの種が一斉に出現するこの時期は、複数の種を扱おうとすると極めて忙しいものとなる。また他の時期にはすることがない。

彼らは行動学的研究には相応しくないように思われる。あるとき私がミドリシジミを調べようとしているのを知った小原嘉明氏は、「何でそんなものを調べるんだ」と笑った。「もっと調べやすい種を選んだ方がいいだろう」と言いたげだった。ご存じの方も多いと思うが、小原氏はモンシロチョウで知られた研究家である。また東京農工大学時代の私の先輩であり、私とともに日高敏隆先生の教え子でもある。小原氏は私がミドリシジミが好きだから趣味的にそんなことをしているのだろう、と思ったようである。たしかに好きなものと接しているのは楽しいことである。だが私の趣旨は違う。先に述べたように少数より成るグループでありながら、翅の色の変異が大きいという特性をもっている。このグループはかなり難しいかもしれないが、何とかこれに挑戦してみたいと思っていた。

配偶行動を見る

さてミドリシジミについての実験である。とりわけ性的二型の種の雌は、雄のキラキラ光る翅の色を好むだろうか。この点については、美しい雄と地味な雄を作って雌に選ばせればいいだろう。そこでこれに先立ち、とりあえず彼らの配偶行動がどのようなものか観察することにした。配偶行動の観察には性的にアクティヴな未交尾の雌を準備しなければならない。というのは、雌はひとたび交尾すると雄に関心を示さなくなるからである。また野外の雌はほとんどすでに交尾しているので、こうした観察には使えない。そこでチョウを卵から飼育することになる。ミドリシジミ類は年一化性なので、実験の前年から材料を準備しなければならない。こ

図 4-1 吹き流し（左）とケージ（右）。ケージの上はアイスクリーム・カップ。

うして一年かけて育てた成虫を使って、彼らの配偶行動をケージの中で観察することにした。
日曜大工の店からアングルと網戸用ネットを買ってきて四五センチメートル四方、高さ六〇センチメートルのケージを作り（図4－1）、ミドリシジミの雌雄複数個体を放してみた。ところが、これがうまくいかない。ケージの中では雄も雌も仲間には全く無関心で、とにかく明るいところへ行きたいのか隅の方に集まってしまう。そしてゴソゴソと歩き回っている。たまたま一頭が飛び立つと、釣られたように近くの個体が飛び立つこともあるが、すぐに止まってまた歩き出す。すぐ脇に未交尾の雌がいようが、雄たちは全く知らん顔である。この観察はもちろん、彼らの本来の繁殖期の活動時間帯に行ったものである。ミドリシジミ類では、その活動時刻が種により異なることがよく知られている。アカシジミやミドリシジミなら夕刻の日没ごろに、ジョウザンミドリシジミやアイノミドリシジミなら午前中の比較的早い時刻に活動する。そうしたことは生態図鑑などにも載っているが、何と言ってもコレクターは極めてよく知っている。

チョウの世界には多くのマニアがおり、そうした人たちは同好会誌などにチョウの観察記録をよく書いている。その中にミドリシジミの仲間を「吹流し（三〇センチメートルほどの円筒形の白いネットケージ）に入れて庭に吊るしておいたら交尾していた」といった記事があった。そこで私も吹流しにミドリシジミを入れて観察してみたが、私の場合にはうまくいかなかった。

もう少し自然に近い条件にしようと、ミドリシジミが多数見られる茨城県の龍ケ崎まで吹き流しをもっていってやってみたが、同様にうまくいかなかった。また雄と雌がうんと近づくよう、直径一二センチメートルほどのアイスクリーム・カップ（図4－1）に入れて生息地の樹に吊るしてみても、やはり反応がなかった。

またこんな観察もあった。ミドリシジミの仲間のウラゴマダラシジミの飼育個体があったので、これを二〇センチメートルほどのケージに入れて庭に置いてみた。最初は何の反応もなかったが、午後には一頭の雄が開いた翅を震わせながら雌に求愛していた。どうなることかと見ていたところ、雌は関心なくどこかへ行ってしまい、興奮した雄は近くの他の雄に向かって求愛した。そしてついには、他の個体が全くいないケージの隅を、翅を震わせながら上に向かって歩いたりしていた。明らかに異常行動である。

そのまま放置して数時間後に見たところ、交尾する一ペアを見つけた。だから小型のケージの中でも交尾するのはたしかだが、ここで見られた雄の行動は明らかに異常である。雌が美しい雄を選ぶか否かという微妙な反応を検出するのに、こうした異常行動の見られる条件下でうまくいくかどうかは疑わしい。

自然界のミドリシジミは樹高一〇メートルにおよぶ高いハンノキの周囲を活発に飛び回っている（図11－1参照）。ハンノキは幼虫の食樹である。だから雄は広い空間で雌を追う必要があるのかもしれない。そこでもっと大きな空間として、兵庫県三田市にある「人と自然の博物館」の一二×八メートル、高さ四メートルもある大きなケージを利用させてもらうことにした。これには同博物館所属のミツバチの研究で知られた大谷剛さんのお世話になった。雌雄あわせて二五頭のミドリシジミをこの広いケージに放して三日間連続観察し、やっと二回の求愛と一回の交尾の観察に成功した。ここではケージの中に植えられた低いクサギの樹に雄が止まり、近くを雌が飛ぶと追いかけ、止まった雌に求愛するという自然な行動が観察された。このように自然に近い交尾の誘導に成功したのは良いことなのだが、二〇頭以上のチョウを使って三日で一回の交尾では、とても比較研究のような実験はできない。少なくとも一〇回、できれば二〇〜三〇回ほどの交尾が見られるのが望ましい。もう少し効率の良いやり方はないだろうか。そこで、本来の生息環境で広いケージを設置することを考えた。

野外での試み

また日曜大工の店に行って塩ビのパイプを仕入れ、二メートル四方の大きめのケージを作ることにした。ネットは専門業者に注文した。組立て式のこのケージを車に積み込み、龍ケ崎へ行ってさっそく調べてみた。ケージの中に多数の雄と未交尾雌をいく頭か放したが、相変わらずうまくいかない。みんな隅の方へ集まってしまう。ケージの中の個体が隅でうろうろするのとは対照的に、外の個体は実に自然で活発だった。雄同士が近づくと必ず「卍巴飛翔(まんじどもえ)」と呼ばれる、互いに相手を追うような円運動の飛翔を行い、雌らしい個体が出現すると周辺の雄たちは一斉にそれを追う。ケージの中と外とではえらい違いである。

そこで急遽、方針を変えて外の活発な個体を使うことにした。未交尾雌に糸を付けて野外の雄の前に飛ばせてみることにした。近くの店から糸と細い棒を仕入れ、釣竿の餌のように糸の先に雌を結び付けた。糸はチョウの身体の胸と腹の間のくびれたところで結んだ。これを雄の前に放すと、雄はすぐやって来て絡みつくように飛び、雌が近くの葉に止まると接近したが、すぐ飛び去ってしまった。何回か試みたが同じだった。三田の博物館で見たように、雄が雌の傍らに止まって求愛するようなことはなかった。しかしながら、これにはある程度の成果が感じられた。ともかく雄は接近するので積極的である。ケージの中とはかなり違う。おそらく雌の方に問題があるのだろう。糸を付けられた雌の飛び方が不自然なのかもしれない。ミドリシジミの出現期は六月下旬から七月までである。その年の調査は終わった。

翌年に向けてどう対処すべきか考えていた。実は龍ヶ崎にミドリシジミが多いことを教えてくれたのは、鱗翅学会の評議員であり、この地で何年か調査をしていた松井安俊さんである。松井さんとはその後ともにミドリシジミの活動時刻や飛翔行動などについて調査することになる。松井さんに糸付き雌の話をしたところ、別の糸の付け方を教えてくれた。糸は胸と腹の間ではなく、前翅と後翅の間を通すのがいいという。実際、松井さんはそのようにして雄が雌を追いかける行動などを撮影していた。私がそうしていなかったのは、前後の翅の間に糸を通すと翅の動きに障害が起こるのではないかと感じていたからである。飛翔中のチョウの前翅と後翅は一部重なり、一体となって運動している。しかし実際に翅の間に糸を通してみると、ほとんど影響はなかった。糸は腹側では中脚と後脚の間を通すことにした。昆虫の胸は前胸、中胸、後胸の三つの節から成り、翅は中胸と後胸に付いている。だから前後の翅の間を通した糸は中脚と後脚の間に来るのが自然である。糸を胸の中央部にもってくるこのやり方には大変良い点がある。チョウの身体の重心は胸にあり、そこに翅が付いている。それには理由がある。重心と力の加わる位置が近いと回転力を生じないからである。同じ理由から、糸も重心に近いところに付けるのが好ましい。実際、糸は胸の中央付近に来た。また糸の結び目は背中側にすることにした。以前のように腹側で糸を結ぶと、糸に引かれたチョウは裏返される力を受けるからである。

このようにチョウの身体の特定の位置に糸を結び付けるには、それなりの工夫がいる。とにかく生きた暴れるチョウに糸を付けるのである。そこで小型の装置を作った。木製の板を用意し、その中央にはチョウの身体が収まるよう溝を掘っておき、溝の中央には小さな穴を開けておく。また板の左右の縁には、切れ込みの入った厚紙を貼っておく。前もって左右の紙の切れ込みを通して横糸を板表面に這わせておき、横糸の中央は穴から裏側に少しはみ出させておく。これができたら、いよいよチョウの出番である。展翅標本を作るときのように、チョウを板表面に置き、翅を開いてテープで押さえる。次に板を裏返して、穴からはみ出た糸を中脚と後脚の間にもってくるが、この作業は解剖顕微鏡下で行う。糸の両端は紙の切れ込みに挟まれているので、糸の張り具合は自由に調節できる。板をもとの面に戻して、まず右翅の基部を縦糸で押さえて、そちら側のテープを外し（図4－2左上）、すでに体の下にある横糸を前後翅の間を通してチョウの右体側へともってくる。右翅を再びテープで押さえ、縦糸は外す。同様の作業を左側についても行う。左右両体側からの糸は背中の上で軽く結ぶが、あまりきつく結ぶと

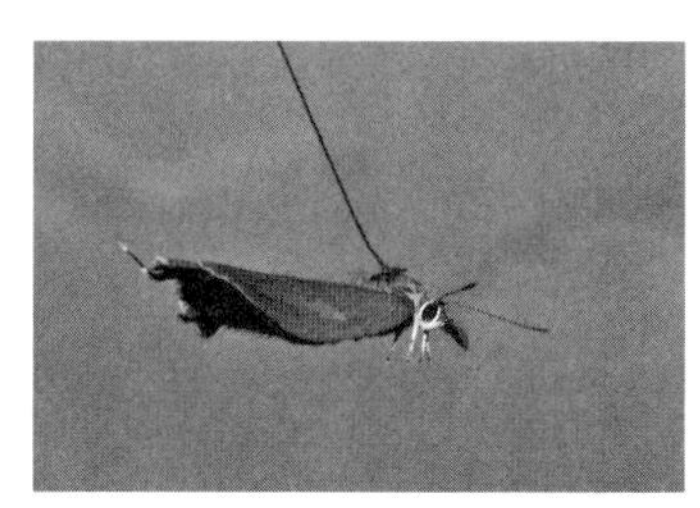

図4-2　糸付け法（左上）、自然の姿で飛ぶミドリシジミの糸付き雌（右上）、交尾する糸付き雌（左下、雌は上）。左上と右上は文献51より。

チョウは飛べなくなる。結び目は微量のワックスで固める。この作業中もっとも重要なのは、弱い脚を身体から落とさないことである。こうして糸を付けられたチョウは、実に自然な姿で飛んだ。糸がいっぱいに張られたときには、ちょうど紐をいっぱいに引くイヌのように、背中を上にして自然な姿勢でいつまでも飛び続けた（図4－2右上）。

三つのアプローチ

翌年龍ヶ崎で、さっそくこの新方式の糸付き雌を雄の前に飛ばせてみた。今回は接近した雄は飛び去らなかった。雌が止まるとすぐ脇に止まり、間歇的(かんけつ)に小さく翅を震わせながら求愛し、そして交尾した（図4－2左下）。未交尾雌がもう一頭あったので、こちらもテストしたところ速やかに交尾した。配偶行動の誘導には、ケージの中より自然条件の方がはるかにいい。糸付け方式は良さそうである。この方式でどう実験するか、いくぶん先が明るくなったような気がした。この糸付け方式に成功したのは二〇〇七年六月二八日のことである。これは私がチョウを調べようと思い立った一九九七年から一〇年も経ってのことである。

糸付け方式の成功にはこのようにかなりの時間がかかったのだが、その間私は何もしていなかったわけではない。その間チョウの翅の色彩についていろいろ考えていた。そしてその研究には三つのアプローチがあると思っていた。一つは翅の色の調査である。色は見ればその通りだが、モンシロチョウで知られるように、翅はときに私たちには見えない紫外線を反射する。翅の色を正確に、客観的に押さえる必要がある。アプローチの二つ目は色覚についてである。チョウの翅がどんなに優れた色をしていても、彼らに色覚がなかったら、色は彼らの生活において何の意味ももたないだろう。彼らに色覚があるからこそ、それはその世界で役割を果たしている可能性がある。色覚の有無をきちんと押さえる必要がある。第三のアプローチは色の意味である。実験的に色を変えて相手の反応を見、その反応から色の機能を推定するものである。

糸付け方式に成功する前には、こうしたアプローチのうちのできそうなことをポツポツとやっていた。

第5章 紫外線 ～翅の色を調べる～

第4章で述べた三つのアプローチのうち、「翅の色の分析」がもっともやりやすそうである。注目すべき点は、彼らの翅が私たち人間には見えない紫外線を反射しているか否かである。また、仮に同じ青い色の翅であっても、それはしばしば種によって微妙に異なる。そうした違いを客観的かつ正確に把握するのも大切である。

反射波長の測定

物体の色は、それが反射する光の波長によって決まる。私たちにはほぼ四〇〇ナノメートル（一ナノメートルは一ミリメートルの一〇〇万分の一）から七〇〇ナノメートルの波長の光が

図 5-1　分光光度計。左が測定部、右が結果の出力部（プリンター）

見えるが、そのもっとも短い四〇〇ナノメートルが紫で、もっとも長い七〇〇ナノメートルが赤である。その間に、虹で言うなら青（約四七〇ナノメートル）、水色（五〇〇ナノメートル）、緑（五三〇ナノメートル）、黄（五八〇ナノメートル）、橙（六一〇ナノメートル）の五色が入る。一方、昆虫では私たちに見えない紫外線（四〇〇ナノメートル以下）の見えることがわかっている。モンシロチョウの雄は紫外線を使って雌雄を識別している[12]。そこでチョウの翅の色については、紫外線を含む三〇〇ナノメートルから七〇〇ナノメートルの範囲の反射光を調べる必要がある。

　こうした反射波長の測定には「分光光度計」という装置を使う（図5－1）。この装置は京都大学の私たちの研究室にあった。というのも、教授の日高敏隆先生がアゲハチョウの配偶行動の研究をしていたからである。アゲハチョウの翅は黄色と黒のまだら模様だが、雄が雌を探す際にどのような色覚的情報を使っているか、翅の黄色い部分をさまざまな色の色紙に置き換える実験をしていた。その色紙の反射測定にこの装置を使っていた。面白いことにアゲハチョウの雄は、黄色の色紙よりコバルトブルーと呼ばれる緑に近い色紙に強く反応していた。そんなわけで私たちの研究室には島津製作所製の分光光度計があったのである。

この装置は、種々の波長の入射光に対する物体からの反射光の強さを測定する。実際には、紫外域から可視光域にわたってほとんど一〇〇パーセントの反射率を示す「標準白板」と呼ばれる硫酸バリウムの粉末を固めた板に対する反射の割合として、物体の反射率を示す。

この装置は大変便利で、初期の立ち上げには一五分ほどかかるものの、ひとたび装置が安定すると一つのサンプルを二分で測定してくれる。結果は波長に対する反射率のグラフとして得られ、その曲線を見ると、どの波長の光がもっとも強く反射されているかがよくわかる。ただ測定できるものには制約があり、ほんの一センチメートルほどの平板なものに限られる。大きなチョウの翅なら小さく切る必要がある。測定範囲はほんの数ミリメートルの円内である。私の大学での在籍中には、クモの糸やコガネムシの翅、植物の葉や花などの測定のために学生たちがよく利用していた。

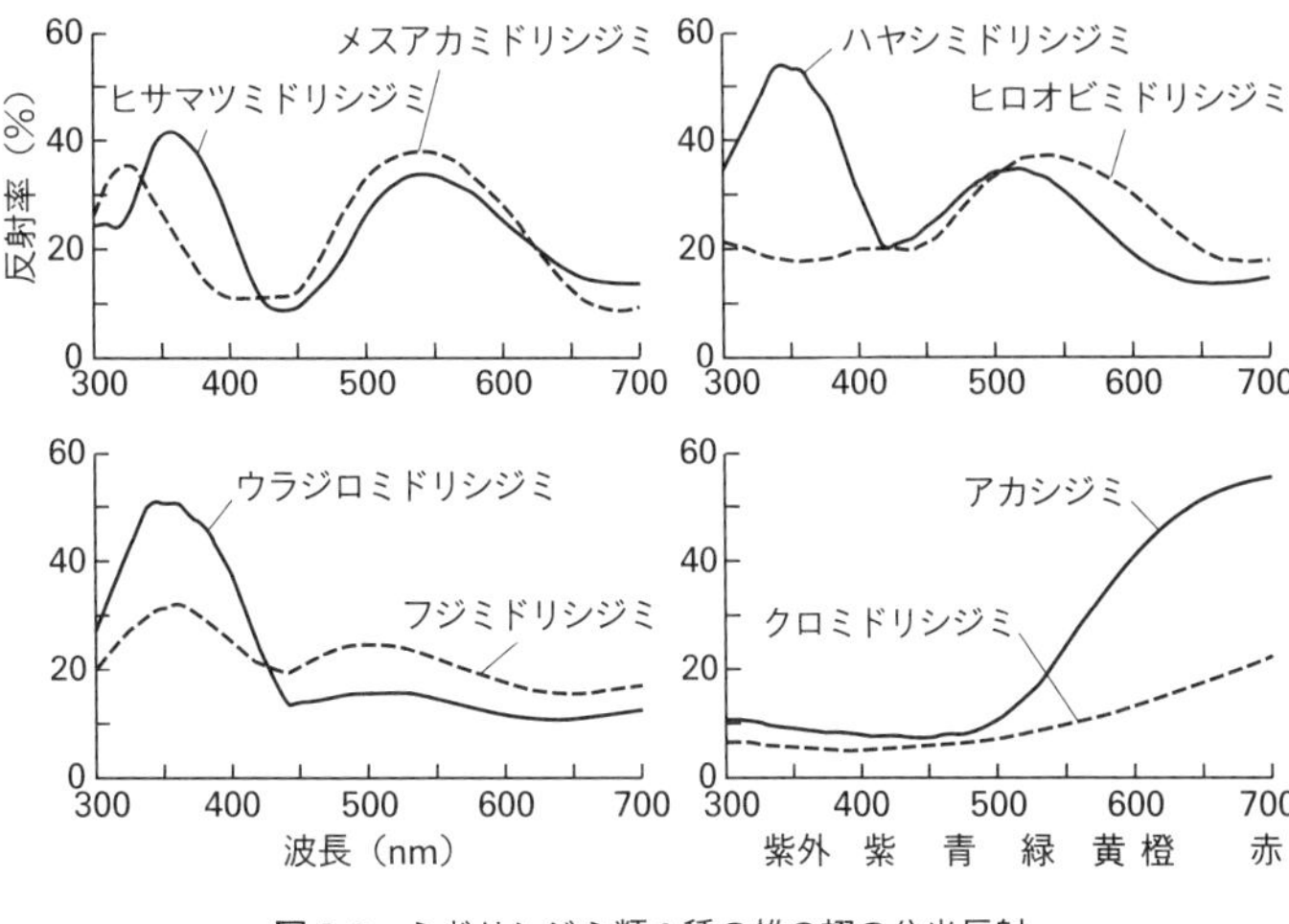

図 5-2　ミドリシジミ類 8 種の雄の翅の分光反射

紫外線を反射する翅

さて、チョウの翅の色の分析である。まず手はじめに手元にあったメスアカミドリシジミの雄の翅を調べてみた。この種の翅は雄が緑に輝くのに対し、雌は全体的にこげ茶色で前翅にのみ大きなオレンジ色の紋がある（**口絵②、⑦**参照）。そこで「メスアカ」の名がついている。

この種の雄の翅はグリーンに輝くので、おそらく五三〇ナノメートルあたりに鋭いピークをもつ反射曲線が得られるだろうと予想していた。だが測定して驚いた。たしかに可視光の緑色域に大きな山が見られたが、紫外域にもほぼ同じくらいの大きな山があった（**図5-2左上**）。反射パターンは「二山型（双峰性）」で、ピークの波長はそれぞれ五三〇ナノメートル（緑）と三二〇ナノメートル（紫外）だった。私たちには紫外線が見えないので、五三〇ナノメートルの山だけを見てきれいな緑だと思っているが、虫たちにはもっと違った色に見えているはずである。

では近縁種ではどうだろう。それらは緑に加えて紫外線も反射しているだろうか。メスアカミドリシジミ属の仲間としては、わが国からは他にアイノミドリシジミ（和名は北海道のアイヌに由来）とヒサマツミドリシジミが知られている。また最近までこの属に含まれていた、ごく近縁のキリシマミドリシジミもいる。これらの雄の翅はいずれも緑である。さっそくこれらを調べてみた。結果はほぼ同様で、紫外域と可視光域の緑のあたりにピークをもつ二山型だったが、微妙な違いも認められた。アイノミドリシジミでは紫外域の山はかなり低く、緑の山の八〇パーセントほどだった。一方、ヒサマツミドリシジミとキリシマミドリシジミの紫外の山は、緑の山の一・一〜一・二倍とやや高いものだった(13)。

どうやら私たちに緑に見える翅が紫外線も反射するのは一般的なようである。そこで対象を少し広げてみた。ミドリシジミの仲間には、もう一つ雄が緑の翅をもつグループがある。オオミドリシジミ属である。この属全七種のうち五種は緑の翅をもち、一種は青、一種は黒い翅をもつ。とりあえず緑の翅のオオミドリシジミ、ジョウザンミドリシジミ、エゾミドリシジミの三種を調べてみた(14)。結果は明瞭で、どれも緑と紫外にピークをもつ二山型だった。しかしそれらはいずれも紫外の山の方が高く、その緑の山に対する割合は上記の順に一・八、一・五、一・二であった。こうした比率の違いは、紫外線の見える彼らにはかなり違った色として知覚されるだろう。しかしそれが種の識別に使われているか否かはわからない。

これまで調べた種の緑の翅は、すべて紫外線も反射していた。そこでオオミドリシジミ属で緑の翅をもつ、残りの二種も調べてみることにした。ハヤシミドリシジミとヒロオビミドリシジミである。前者の和名はチョウの研究家の林慶氏に献名されたものである。後者の和名はその種に特徴的な「広い帯」に由来している。ミドリシジミ類の翅の裏は、ふつう灰色がかった茶色の地に白い帯をもつが、この帯が広いのである。

近縁種で異なるパターン

この二種を調べたところ、全く違った反射パターンだった。ハヤシミドリシジミは、緑に加えて非常に強い紫外線を反射していた（図5－2右上）。その緑に対する比は一・六だった。一方ヒロオビミドリシジミは緑の山はあるものの、紫外域では山は全くなく、むしろ谷のように低くなっていた。緑の翅をもつミドリシジミ類中、唯一この種は紫外線を反射しない。緑の翅は必ず紫外線を反射する、というわけではないのである。

ここで興味深いのは、ハヤシミドリシジミとヒロオビミドリシジミが系統的に極めて近い関係にある点である。両者が近縁なのは交尾器などの形態的分析からも、[15]最近のＤＮＡ分析からも支持されている。[16] にもかかわらず雄の翅の色は著しく違う。こうした事実は「形質置換」を思わせる。形質置換とは、ある地域内で種分化が起こったとき、新しく生じた種とそれまでの古い種が交雑しないよう、積極的に形や性質（形質）を違える現象である。

ハヤシミドリシジミはわが国に広く分布し、食草はカシワである。一方、ヒロオビミドリシジミは中国地方に分布し、食草はナラガシワである。そこで、中国地方に生息するハヤシミドリシジミの一部が食草を変えて、ヒロオビミドリシジミに種分化したのだろうという推定がある。[15] つまり新しく生じたヒロオビミドリシジミは、ハヤシミドリシジミとの交雑を避けるよう、積極的に翅の色をわざわざ大きく違えているのかもしれない。ヒロオビミドリシジミは本来あった紫外線反射を積極的に取りやめることによって、「ハヤシミドリシジミとは違う種なのだ」と他種や同種仲間に伝えているのかもしれない。この推定はもっともらしく面白いが、それは翅の色が種の認知に使われることを前提としている。だがこれは証明されているわけではない。交配に際して雌が雄の翅の色を見ているという証拠は、後述するヤマトシジミ（第14章）を除いて、シジミチョウの仲間では全くない。いずれにせよ、ごく近縁なヒロオビミドリシジミとハヤシミドリシジミの色彩における顕著な差は、興味深い問題を含んでいる。

オオミドリシジミ属七種のうちの五種について見てきたので、残りの二種に触れてみよう。一種は濃い青の翅をもつウラジロミドリシジミである。青い翅と言えば、もう一種そのような種がいる。フジミドリシジミである。この種は以前にはオオミドリシジミ属に入れられていたが、現在ではフジミドリシジミ属として分離されている。フジミドリシジミもウラジロミドリシジミもいずれも青い翅をもつので、比較してみよう。

ウラジロミドリシジミの反射曲線は、紫外域に大きな山をもつ「一山型（単峰性）」で、その裾野は広く可視光域まで広がり、それがこの種の翅を青く見せているのである（図5－2左下）。一方、フジミドリシジミの翅の反射は、紫外がやや高めの、緑にも山のある二山型だった。だがその山は全体的に低くなだらかで、青色域で重なるようなパターンだった。そのようなパターンがこのチョウを青く見せているのである。私たちには似たような青に見える翅でも、こうして装置を使って正確に測ってみると、その生成のメカニズムの違いがよくわかる。また当然、紫外線の見える彼らには、それらの翅はかなり違って見えているはずである。

雄が輝く黒いチョウ

オオミドリシジミ属の最後の一種、クロミドリシジミを見てみよう。その名が示すとおりこの種の雄の翅は濃い褐色で、特定の波長の光を強く反射しているとはとても思われない（口絵②）。しかし測定してみる価値はありそうである。かつて、こんなことがあった。

分類的に見ると、ミドリシジミの仲間のすぐ脇にムラサキシジミの仲間があるが、その中にムラサキツバメ（後翅に尾をもつ種はしばしば「ツバメ」と呼ばれる）というものがいる。この種は、雌が前翅に大きな青い紋をもっていて美しいが、雄はほとんど真っ黒でとてもきれいとは思われない。チョウでも動物一般でも、雌雄で色彩が異なるときは派手で美しいのは雄の方である。ムラサキツバメはこの一般則から外れているようである。そこで以前にムラサキツバメを調べたことがある。[17] 測定の結果、雌の反射パターンは紫外域と可視光域の境目（四〇〇ナノメートル）に近い三八五ナノメートルにピークをもつ大きな山だった。山の長波長側は大きく可視光域に侵入しているため、これが私たちに青と知覚されるのである。一方、雄にも大きな山が認められ、そのピークは三一五ナノメートルとかなり短波長の紫外域にあり、その裾野は可視光域まで広がっていなかった。これが、この雄の翅を私たちに黒く見せているのである。だが紫外線の見える彼らにとっては、その翅は全面がキラキラと輝く美しい翅に見えているはずである（図5－3）。だからムラサキツバメは「雄が派手である」という一般則の例外ではなかった。

そうしたことからクロミドリシジミの翅でも紫外線反射が期待された。しかし測定したところ、紫外線の反射は全く見られなかった。反射率の低い、ほとんど平坦な反射曲線だった（図5－2右下）。この種の雄は早朝のまだ暗い四時頃に大きなクヌギの樹上を飛び回るという報告があるので、彼らはとくに翅に色をつける必要がないのかもしれない。

図 5-3　紫外線撮影のムラサキツバメの雄（左）と雌（右）

以上のほとんどは雌雄で翅の色の異なる性的二型の種、つまり「…ミドリシジミ」と名のついた種についてであったが、雌雄ともに同じ色の翅をもつ性的一型の種にも少し目を向けてみよう。そこにはアカシジミのようにオレンジ色の種や、ウラゴマダラシジミのように青い種、オナガシジミのように真っ黒な種などがある。ここではオレンジ色の種についてのみ紹介しよう。

アカシジミの反射パターン

わが国にはオレンジ色の翅をもつミドリシジミの仲間が五種生息する。すでに触れたアカシジミとウラナミアカシジミのほか、カシワアカシジミとムモンアカシジミ、チョウセンアカシジミがいる。カシワアカシジミは最近アカシジミから分離された種で、そのおもな分布は北海道から東北北部と入手しにくい。またチョウセンアカシジミは東北地方の限られた地域に生息する稀な種で、ほとんどの地域で保護されている。そこで入手の容易な残りの三種を調べてみた。

オレンジ色の翅は、先に「虹」を引き合いに出して触れたように、六一〇ナノメートルあたりにピークをもつ一山型を予想させる。ところがこの予想は全く外れていた。測定したところその反射曲線は、短波長域では低く平らであったが、緑のあたりから急に高まり、ずっと上昇を続けた後、赤外域の境目あたりで飽和に近づき（図5－2右下）、少なくとも八〇〇ナノメートルまでずっと高い反射率を維持した。部分的な緑や大幅な赤を含むそんな光の混合が、私たちにはオレンジ色に見えるのである。

実はこうしたタイプの反射パターンは一般的で、メスアカミドリシジミの雌のオレンジ色の紋でも、黄色いキチョウの翅でも、アカタテハの翅の赤色部でも同じパターンである。長波長域で反射率が飽和に近づくパターンは、黄色や赤色色素の共通的性質のようである。ちなみに黄色い折り紙でも同じパターンだった。

調べられた三種のオレンジ色のシジミチョウのうち、アカシジミを基準にすると、ウラナミアカシジミはやや黄色っぽく、ムモンアカシジミはやや赤っぽく見える。そうした色の微妙な違いは、どこに起因するのだろう。反射曲線をよく見ると、短波長から長波長にかけて急上昇する変曲点の位置（ピークの半分の高さに対応する波長）が種により多少ずれていた。変曲点の位置は、黄色っぽいウラナミアカシジミで五六八ナノメートル、アカシジミで五七二ナノメートル、赤っぽいムモンアカシジミで五七九ナノメートルと順次長波長側にずれていた。[18] こうした変曲点の位置の違いが、微妙な色合いの違いを作り出しているのである。

かくしてミドリシジミの仲間の翅の色を見てきたが、とくに緑の翅をもつ種の多くは紫外線も反射していた。だからこれらの種は、私たちには緑に見えても、彼らには違った色に見えているはずである。木の葉はふつう紫外線を反射しない。だから私たちにも昆虫にも、それは緑に見えているはずである。その葉の上にミドリシジミが翅を開いて止まると、私たちはグリーンの上にグリーンのチョウを見るが、彼らはグリーンの上に異なる色のチョウを見ることになる。つまり、私たちにとって隠蔽的であるチョウを、彼らは容易に見つけるだろう。もし昆虫の捕食者である鳥たちに紫外線が見えなかったら、ミドリシジミの翅は仲間にはよく見えるが、敵には見えにくいことになる。実際、脊椎動物では紫外線の知覚はあまり知られていない（最近、一部の鳥で紫外線知覚が確認されている）。こうしたことからシルバーグリードは、紫外線は彼らの「プライベート・チャンネル」であると述べている(6)。

第6章 ウラニア型 ～色素色と構造色～

ミドリシジミの雄の翅は緑にキラキラと輝いて美しい。一方、アカシジミの翅はオレンジ色でそれなりにきれいだが、キラキラと光ることはない。キラキラ光ると言えばモルフォチョウが思い出される。モルフォチョウはおそらくチョウの中でもっとも美しいと言えるだろう。その翅の反射光は強く、もう一五〇年も前に博物学者のヘンリー・ベイツは、アマゾンの樹冠を直射日光を浴びながら舞うレテノールモルフォの青い翅が、四分の一マイル（約四〇〇メートル）ほどの距離から見えると書いている。

二つの色の作り方

たしかにモルフォチョウの輝きは強く美しい。だが、わが国に産するミドリシジミも、美しさにおいては決して劣らない。キリシマミドリシジミなどは実に強い光を放っている（口絵②）。ただ惜しいのは、彼らは小さい。もしミドリシジミがアゲハチョウくらいの大きさだったら、モルフォチョウと双璧で人々の関心を集めただろう。大小の差はあれ、どちらの種もキラキラと光って美しい。その美しさはどこから来るのだろう。

チョウの翅の色は二通りのやり方で作られている。一つは「色素」によるもので、もう一つは「構造色」と呼ばれる、鱗粉の微細構造によるやり方である。色素色は私たちの周囲に満ち溢れており、木の葉の色であれ本の表紙の色であれ、ほとんどが色素によって作られている。太陽や電灯からは種々の波長の光が降り注いでいるが、色素物質は特定の波長の光を反射する一方、他の波長の光は吸収する。赤い色素なら、赤い波長の光は反射するが、他の波長の光は吸収する。色素物質はいくつかのチョウで同定されており、アゲハチョウの黄はパピリオクローム、アオスジアゲハの青緑色はサルペードビリン、スジグロシロチョウの白はロイコプテリン、モンキチョウの黄はキサントプテリン、そしてアカタテハの赤はオモクロームであることがわかっている[19]。しかし、アカシジミのオレンジ色は間違いなく色素色だろうが、研究はなくわかっていない。

一方、構造色は私たちの周囲にはあまり多くはない。身近な例としては、CDの裏や一万円札の表の左下にある銀色のマークがそうである。これらを傾けてみると、さまざまな色を見ることができる。つまり見る角度によって異なる色が見える。これが構造色の特徴の一つである。

構造色では、外からの光を薄い膜や細かい溝のような構造で位相の異なる光に変え、それらが強め合ったり弱め合ったりする干渉作用によって、特定の波長の光を作り出している。この場合には、強められる波長は入射光や反射光の面に対する角度によって決まるので、私たちは対象を見る角度を変えることによって異なる色や強度を知覚する。

構造色はチョウの中でもとりわけ美しいモルフォチョウ（タテハチョウ科）でよく研究されており、シロチョウ科やシジミチョウ科の仲間でも調べられている。そして特定の色が作り出される仕組みが明らかになっている。

モルフォ型とウラニア型

歴史的に見ると、昆虫の構造色について基本的な研究をしたのは、コーネル大学のクライド・メイソンで一九二七年のことである。[20] 当時は電子顕微鏡がなかったため、光学顕微鏡を使って数種のチョウやガの鱗粉の微細構造や光る部分を入念に観察した。そしてメネラウスモルフォの青い輝きが、鱗粉上面から隆起した縦筋に基づくことを明らかにした。これは、鱗粉を

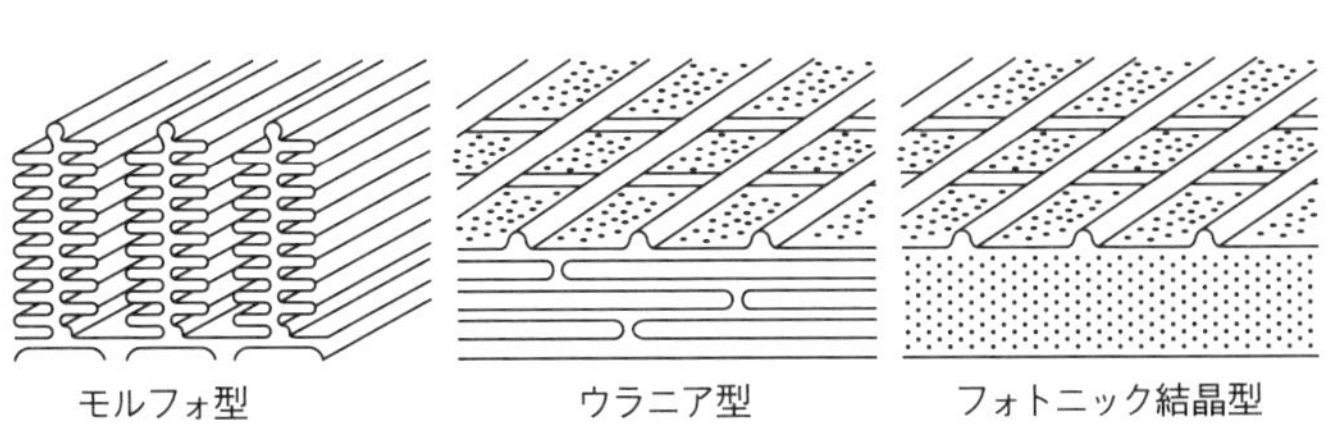

図 6-1　構造色をつくる鱗粉の三つの型。文献 22 と 23 をもとに描く。

破壊して縦筋だけを単離しても光ることなどからわかった。一方、昼行性のガであるニシキオオツバメガは緑やオレンジ、赤、紫などに光る多様な鱗粉をもつが、その輝きが縦筋と縦筋の間の鱗粉本体に由来することを明らかにした。鱗粉を壊したところ、鱗粉本体は厚紙を重ねたような構造だった。また顕微鏡の対物レンズとカバーグラスの間に強制的に針を差し込んで鱗粉を圧縮すると、色が変わることも観察している。モルフォチョウ、ツバメガいずれの鱗粉も、アルコールなどの屈折率の高い液体に浸すと色が失われる。こうした事実は、これらの鱗粉の色が「多層構造」に基づくことを示している。この二種の鱗粉は色を作るメカニズムは同じだが、作る場所が違う。メネラウスモルフォ（*Morpho menelaus*）は鱗粉上の縦筋で、ニシキオオツバメガ（*Urania ripheus*）は鱗粉本体で色を作っている。そこでメイソンは、その属名を採って前者を「モルフォ型」、後者を「ウラニア型」と名づけた（図 6-1）。

後の電子顕微鏡による研究は、メイソンの光学顕微鏡による観察が正しいことを追認し、さらに多層構造の詳細を明らかにした。チョウやガの一つの鱗粉は一つの細胞から成り、すでに死滅している。それは木の葉のような形をしており、翅表面から突き出て、ふつう上方を向いて仰向けに倒れている。鱗粉の上面には長軸に平行な多数の縦筋が走っていて、それはところどころで梯子の桟（かけはし）のような横筋でつながれている。縦筋と横筋で囲まれた四角の区域は、ほとんど穴のように抜けていたり、網目構造で占められていたり、ほとんど平らな平面で塞がれていたりと種によりさまざまである。モルフォチョウの場合には、縦筋が鱗粉表面に対して垂直の方向、つまり上方に高く伸びて、その両側に何枚かの棚が横に突き出して何段もの「棚構造」を作っている。ここが光るのである。一方ツバメガの場合には、縦筋は上方にはほとんど伸びておらず、四角域は平面で、その下に何枚かのクチクラ層が重なっている。この鱗粉本体の多層の「平面構造」が色を作り出しているのである。この二つのタイプは、どちらもクチクラの薄い板と空気の層が交互にいくつか重なっており、それによって特定の波長の光が作り出されている。

　棚構造より成る「モルフォ型」はキチョウでも見つかっており、その黄色い色は色素によって、雄が特異的に発する紫外線は棚構造によって作られている。平面構造より成る「ウラニア型」は東南アジアに生息するルリオビアゲハのグリーンの鱗粉や、オーストラリアに生息するオオルリアゲハのブルーの鱗粉などでも見つかっている。

フォトニック結晶型

その後一九七五年に英国レディング大学のモリスは、シジミチョウ科のコツバメの仲間の翅の裏の緑色の鱗粉で、これらとは異なる第三の型を発表した[21]。このタイプには多層構造はなく、鱗粉本体のクチクラの塊の中に微粒子の規則的な三次元的構造があり、それが色を作り出していた。そこで、このタイプは「フォトニック結晶型」と呼ばれている（図6－1）。それは構造的に宝石のオパールに似ているが、実際には逆の構造である。オパールは屈折率の高い二酸化ケイ素（屈折率一・四〇～一・五五）の粒子の周囲を屈折率の低い水（一・三三）が取り巻いているが、チョウの「フォトニック結晶型」では屈折率の高いクチクラ（一・五六～一・五八）の中に屈折率の低い空気（一・〇〇）の粒が散りばめられている。そこで、このタイプを「逆オパール（inverse opal）」と呼ぶ研究者もいる。このタイプの鱗粉は、先のモルフォ型やウラニア型の作る純度が高く鋭い光とは異なり、鈍く柔らかな光を作り出す。このタイプは南米に生息するマエモンジャコウアゲハなどでも見つかっている。

このようにチョウの翅の構造色は三つのタイプに分けられるが、ミドリシジミの雄の光る翅はどのタイプに属するだろうか。それはきらびやかで強い光を反射することから、フォトニック結晶型でないことは直感的にもすぐわかる。ではモルフォ型だろうか、ウラニア型だろうか。そこで電子顕微鏡で調べることにした。

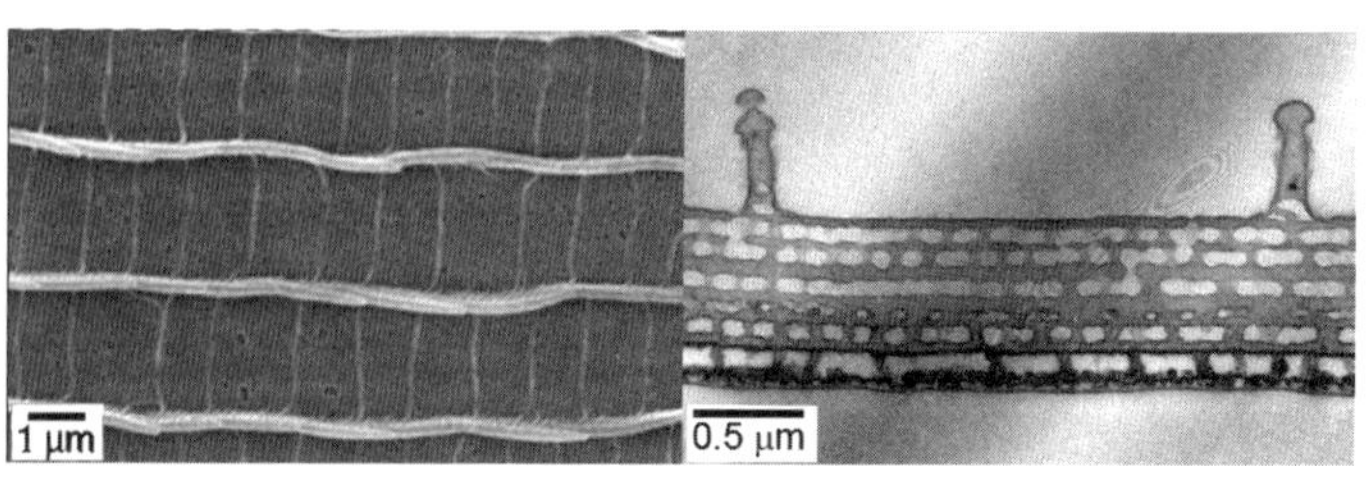

図 6-2　キリシマミドリシジミの鱗粉の電子顕微鏡写真。左は表面、右は断面。文献 24 より。

電子顕微鏡は光の代わりに電子線を使う顕微鏡で、二つのタイプがある。走査型電子顕微鏡と透過型電子顕微鏡である。前者は解剖顕微鏡のように物の表面を見るタイプで、後者は通常の顕微鏡のように薄い切片を作って物の内部を見るタイプである。後者は対象の内部構造がよくわかり非常に役立つのだが、切片を作るのが難しい。そこで、まずは走査型電子顕微鏡でいく種類かのミドリシジミの鱗粉を見てみた。

ミドリシジミの構造色

観察の結果ミドリシジミの鱗粉では、モルフォチョウの鱗粉のように縦筋が盛り上がっていることはなく、ツバメガの鱗粉のように四角域は平面で塞がれていた（図6－2左）。明らかにウラニア型だった。したがってミドリシジミのあの美しいグリーンの輝きは、四角域の下の何枚かのクチクラ層によって作り出されていると予想される。

これを確かめるため、鱗粉を薄く切って透過型電子顕微鏡で見

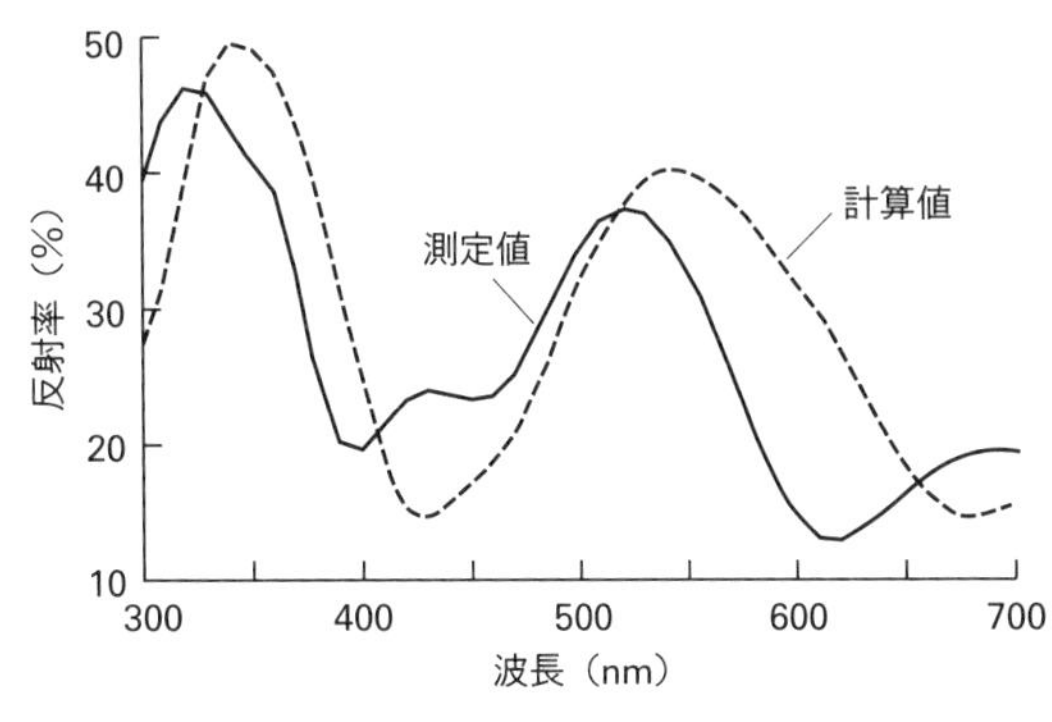

図 6-3　キリシマミドリシジミの翅の反射測定値と計算値

ることにした。この切片作成という高度な技術は、私と同じ動物学教室で発生学を専門とする久保田洋氏にお願いした。同氏の尽力により、キリシマミドリシジミの鱗粉が七枚のクチクラ層より成ることがわかった（図6－2右）。しかも、そのクチクラ層の厚さは必ずしも一定ではなく、また各層の間の空気層の厚さも一定ではなかった。上方から来た光はこれらの層の上面と下面で反射し、互いに干渉し合って特定の波長の光を上方に送り返している。こうした複雑なクチクラ構造は、本当にグリーンの光を作るだろうか。クチクラの厚さやクチクラ間の空気層の厚さを電子顕微鏡写真から測り、計算してみた。この難解な計算は、菌類や細胞運動などの研究で知られた植物学教室の井上敬氏にお願いした。計算の結果は、分光反射曲線（異なる波長に対する反射率を表す曲線）とわりとよく一致した（図6－3）[24]。

これまでモルフォチョウやキチョウで報告された論文で

は、クチクラ層の厚さや空気層の厚さは一定のものとして計算されてきた。そこで私たちのミドリシジミも、クチクラや空気層の厚さが一定のものとして計算してみたが、結果は実際の反射測定結果とはかけ離れたものになった。したがって少なくともミドリシジミにおいては、鱗粉の複雑な層構造があの色を作り出していると言うことができる。

構造色では、見える色は見る角度によって変わるのがふつうである。CDの裏や一万円札の銀色マークでは、これが著しい。これに対しモルフォチョウやミドリシジミでは、見る角度による色はそれほど大きく変化しない。これについては、モルフォチョウでは鱗粉の上に並ぶ棚が狭く、それぞれの棚の高さが微妙に異なるためと考えられている。一方ミドリシジミについては、ほぼ平らな広い面で光が反射されているので、このような説明は当てはまらない。このチョウの鱗粉の電子顕微鏡写真では、鱗粉表面から縦筋がある程度上方に伸びているので、これが斜め方向の光を遮り、偏った波長の光を抑制しているのかもしれない。しかし実際のところは、よくわからない。

結局のところ、ミドリシジミの仲間の翅の色は色素や鱗粉の微細構造によって作られているが、とりわけ性的二型の種の雄の翅はキラキラ輝く構造色に基づく。そのような構造を作ってまで翅を光らせるのには、それなりの理由があるだろう。どのような理由か見てみたいところである。

第7章 前照灯 ～偏った光の反射～

講義や学会などでチョウを紹介する機会があるので、彼らの標本写真を撮ることがよくある。ミドリシジミ類の雄はとりわけきらびやかなので、きれいな写真を撮りたい。ところがふつうの撮り方をすると、何となくあまりきれいに撮れない。通常、チョウの写真は翅の面を水平にして真上から撮るが、そうするよりも前かがみになるように標本をやや前から見るような位置にカメラをもってくると、いく分か輝いて撮れる。ミドリシジミの翅は上からの光を前方に向かって反射しているようである。

反射光測定装置

そこで展翅されたメスアカミドリシジミの雄の標本の針の下部を手にもち、上から照らして、水平に近い角度で見ながらクルクル回してみた。口絵③に示すように、翅は前から見たときには非常に輝いて見えたが、後ろから見たときにはほとんど茶色にしか見えなかった。また横から、つまりチョウの頭を左ないし右に向けた場合には、手前の翅はほとんど光らないのに、向こう側の翅は美しく光って見えた。こうしたことから、ミドリシジミの翅は上から来る光を、前方やや内側に反射していることがわかる。

では、翅のキラキラ光らないアカシジミではどうだろう。同じやり方でアカシジミを見たところ、これはどの方向から見ても全く同じだった（口絵③）。メスアカミドリシジミの翅とアカシジミの翅とでは、光の反射の仕方が全く違う。ミドリシジミのこのような方向性をもった反射は、構造色と深く結びついている。アカシジミのような色素色では、反射光は広い範囲に散乱されるが、ミドリシジミのような構造色では、反射光は特定の方向に集中する傾向がある。ではミドリシジミの翅は、厳密にはどのような方向に光を反射しているのだろう。これを知るため、真上から照射した翅の反射光をあらゆる方向から、つまり翅を取り巻く半球面内のあらゆる点から測定できるよう、図7－1のような装置を作った。

装置の床には水平面内で回転できる小さな台座を置き、その上に翅をセットする。翅を真上から照らすのだが、光源には紫外線も測定できるようキセノンランプを使う。翅を載せる台の脇には、垂直面内で回転できる円盤を取り付け、それにL字型のアームを固定する。アームの先端には、アームが回転しても常に翅の中心に向くようにセンサーが取り付けてある。かくしてアームを回転させると、センサーは翅の面に対して九〇度（真上）から〇度（水平）まで移動できる。このような垂直面内での角度を「高度（あるいは仰角）」と言う。私たちは「夏の太陽は高く冬の太陽は低い」と言うが、これがまさに「高度」なのである。水平から見上げた角度である。翅の測定の場合には、高度九〇度ではセンサーと光源が重なるので測定ができない。また高度〇度でも反射光は翅面と一致するので測定できない。そこで高度に関しては、七五度から一五度までの範囲を一五度間隔で測定する。

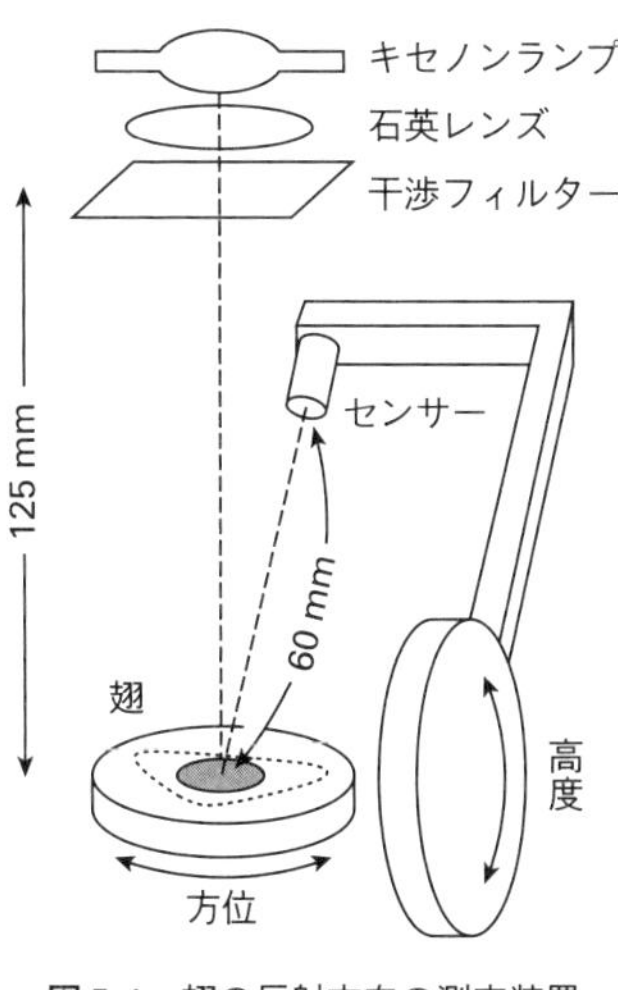

図 7-1　翅の反射方向の測定装置

一方、水平面内での角度を「方位」と言う。地球表面で言うなら「東」とか「北」に相当する。翅の測定の場合には、翅を載せた台座を回す。方位の基準としては、翅の中心から翅の基部（胸への付け根）に向かう方向を〇度とし、その線を基線と呼ぶ。そして翅の前方に向かうときは正（＋）、後方に向かうときは負（－）とする。測定は一五度間隔とする。ちなみに翅の中心とは翅の重心のことである。どのような物体でも、爪楊枝の先に載せて手を放しても落ちないバランスのとれる点があるはずだが、この点が重心である。翅の重心の位置は、翅をスキャナーで画像としてコンピュータに取り込み、「ImageJ」といった解析ソフトで容易に求めることができる。ただしこの場合には、求まるのは本当の重心ではなく、翅面の各部の厚さが均一と仮定したときの重心である。面積の重心とでも言えよう。決定の容易さから、通常そのような近似点が使われる。

反射方向の測定

さて具体的な測定である。まずアームの高度を七五度に固定し、台座を回しながら方位〇度から三四五度までを一五度おきに測定する。次に高度を六〇度に固定して……というように、高度一五度までを測定する。このような高度と方位の組合せから、合計一二〇（＝二四×五）点での測定値を得ることができる。

さらに種間の比較などができるよう、いくつかの工夫をする。チョウの翅のサイズや形は種や翅の前後によって異なるので、翅の中心（重心）部のみが測定できるよう、直径八ミリメートルの丸い穴の開いた黒い「マスク板」を翅の上に置く。またメスアカミドリシジミの雄のように緑色光と紫外光を反射する場合には、それらが独立に測定できるよう、特定の波長の光を透過する「干渉フィルター」を光源と翅の間に入れる。干渉フィルターの透過率はふつうフィルターごとに異なるので、測定値は「標準白板」に対する相対値として表す。つまり、同一の「干渉フィルター」や「マスク板」を使って、まずはじめに標準白板をすべての角度で測定し、続いて翅をすべての角度で測定する。そして後者の前者に対する比をとる。このような相対値を使うことによって、種間の比較などが可能となる。

　このようにして得たメスアカミドリシジミの雄の緑色光での測定例が図7－2のグラフである。七

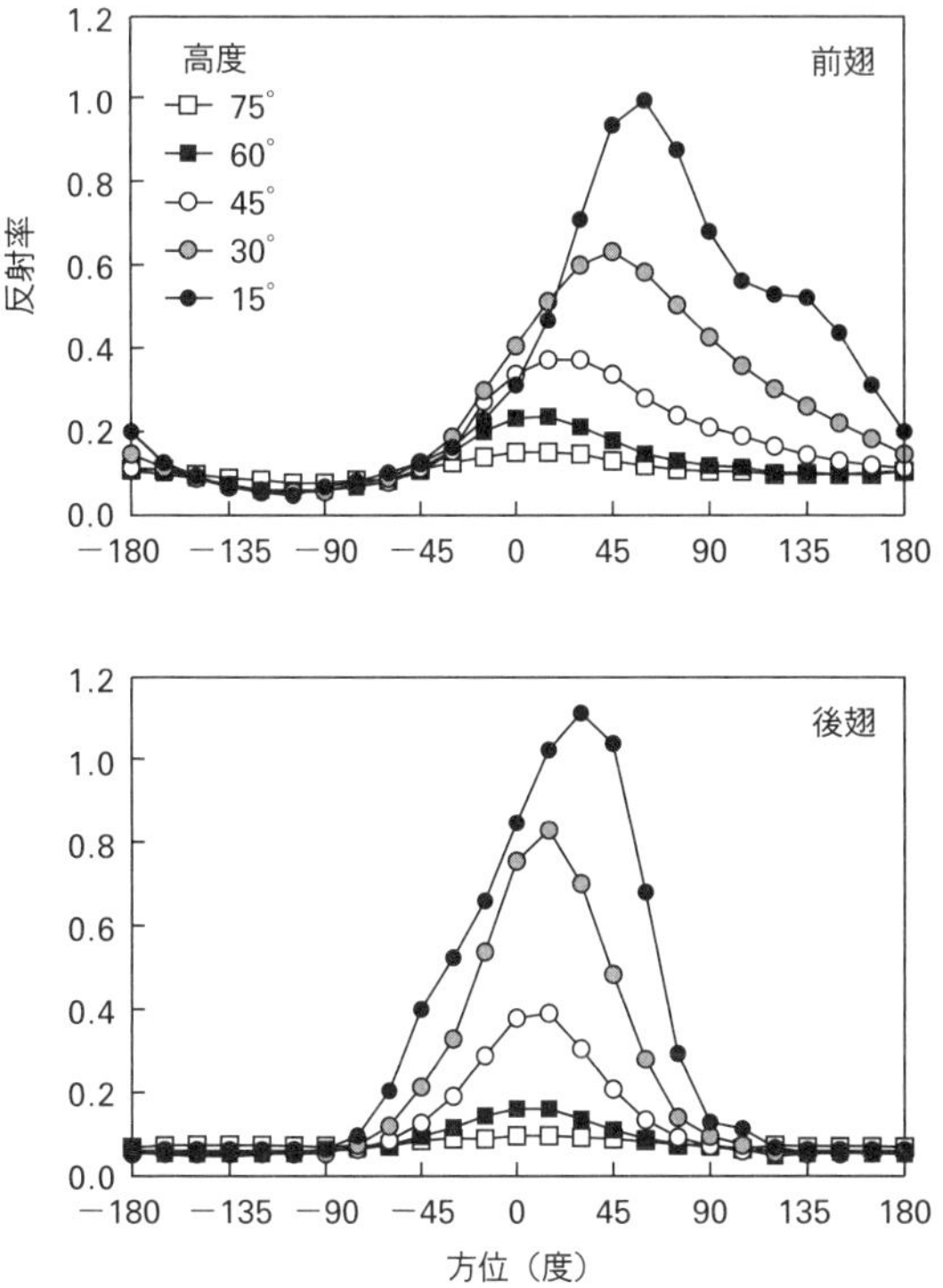

図7-2　メスアカミドリシジミの前翅（上）と後翅（下）での反射

表 7-1　翅からの反射光

	前翅	後翅
高度（度）	＜15	＜15
方位（度）	60±4	17±8
反射率	0.79±0.15	1.07±0.19
集中度	0.17±0.03	0.22±0.04

平均±標準偏差、$n=10$

五度や六〇度といった高い高度では全体的に反射率が低く、三〇度や一五度のような低い高度では反射率が高い。最も強い反射光の高度は一五度より低いことが予想される。また、その方位は前翅で約六〇度、後翅で約三〇度である。このチョウの翅は上方からの光を非常に低い角度で、多少なりとも前方（翅の付け根よりも前の方）に偏って反射しているのがわかる。高度については、一五度以下の正確な位置を知りたいところだが、これは難しい。チョウの翅の表面は完全に平らではなく、しばしば歪んでいたり太い翅脈などで凸凹したりしているため、これより低い高度での測定は不可能である。

ここで得られた結果をさらに確認するため、一〇個体のチョウについて測定を行った。その結果が**表7－1**である。最も強い反射光の高度は前翅・後翅ともに一五度以下であり、その方位は前翅で六〇度、後翅で一七度である。このチョウの前翅は上方からの光を大きく前方に、後翅はわずかに前方に偏って反射している。

鱗粉の姿勢

では、こうした反射光の向きは、どのようにして作られるのだろう。翅の表面には無数の鱗粉がある。それらの面が反射光の向きを決めているはずである。まず高度について考えてみよう。鱗粉は翅表面から突き出た木の葉のようなものだが、それは通常は仰向けに翅表面に倒れている。そのように倒れた場合には、上方からの光は翅表面に対して垂直方向に反射されるはずである。つまり反射光の高度は九〇度に近い値となるはずである。これに対し、観察されたような反射光の低い高度は、鱗粉が翅表面から立ち上がっていることを示唆する。もし鱗粉が(あるいは鏡が)翅表面に対して四五度傾いていたら、上方からの光は水平方向に反射されるだろう。鱗粉は翅表面からある程度立ち上がっていることが予想される。

次に方位について考えてみよう。鱗粉は、翅の基部(胸との接合点)を中心に概ね同心円状に配列されている。この傾向はメスアカミドリシジミの翅の拡大写真からもわかるし(図7－3C、D)、上智大学の吉田らが報告した論文のアゲハチョウの図にも見られる。(25) もし同心円状に並ぶ鱗粉が単に立ち上がっただけなら、上方からの反射光は翅の基部へ向かうことになる。しかし実際の反射光は、大なり小なり基部方向より前方に偏っていた。だから鱗粉は、単に立ち上がるだけではなく、やや前方に向きつつ立ち上がっているだろう。つまり幾分か捻れているだろう。

そこで鱗粉の姿勢を顕微鏡で見てみた。このチョウの鱗粉の形は前翅と後翅でかなり違う(図7－3E、F)。それは後に触れることにして、ともかく鱗粉は前後翅ともに、ある程度翅

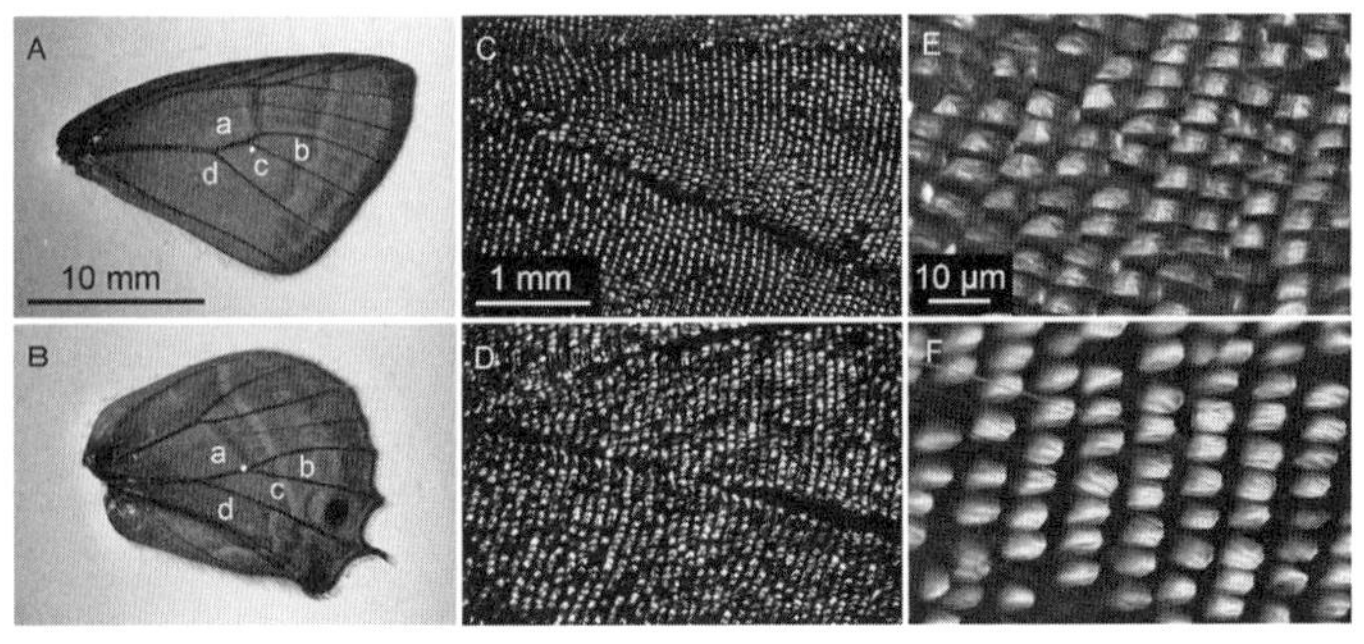

図 7-3　メスアカミドリシジミの前翅（上）と後翅（下）とその鱗粉。いずれの写真でも左方向が翅の基部。文献 27 を改変。

の面から立ち上がっているのがわかる。ではこれら鱗粉の姿勢は、測定されたような偏った反射光を作るだろうか。鱗粉面の翅面に対する傾き（高度）と、鱗粉面の水平的な向き（方位）を顕微鏡下で測定することにした。この先の話は少々細かくなるが、ものごとの理解のためにはやむを得ないので、ご了解いただきたい。

まず測定すべき鱗粉を決め、その中心を通る x 軸と y 軸を決める。両軸は直交し、x 軸は基線（翅の重心から翅基部へ向かう線）に平行とする。次に、x 軸の鱗粉の縁によって切り取られる線分を線分 x として、その線分の長さと両端の深度（奥行）を測定する。研究用の顕微鏡には深度測定用の目盛がついている。この測定により線分 x の長さと傾きがわかる。同様に線分 y の長さと傾きを求める。そしてこの直交する二つの線分から、鱗粉面の傾きと方位を計算する。この計算は三角関数さえわかれば可能で、高校の幾何のレベルで解ける。この調査では、翅一枚につき、

図7－3のA、Bに示したa、b、c、dの各区域より一〇個の鱗粉をランダムに抽出し、合計一〇個体について測定した。

かくして計算によって求めた鱗粉の傾きと方位を表7－2に示す。鱗粉の傾きから予想される反射光の高度は、「九〇－傾き×二」の式から求められる。前翅では二度、後翅では一六度となる。これらの角度は反射光の実測値（一五度以下）と概ね一致する。鱗粉は観察された反射光に合うような立ち上がり方をしていると言えよう。一方、方位に関しては後翅では実測値とよく一致しているが、前翅では少し違っている。この違いは、おそらく測定域の違いに起因しているだろう。まず留意すべき点は、前翅の鱗粉が大きく曲がっていることである。このように曲がった鱗粉をもつ翅に対して、反射光の測定では鱗粉全体からの反射が測定され、鱗粉の姿勢に基づく計算ではその中心部のみが考慮されている。こうした測定域の違いが、反射光の実測値と鱗粉からの計算値の違いを生み出しているだろう。いずれにせよこのチョウの翅の偏った反射は、翅面上の鱗粉の姿勢によって概ね説明できる。

表 7-2　鱗粉の姿勢

	前翅	後翅
傾き（度）	44±7	37±3
方位（度）	45±5	17±8
曲率（1/mm）	17.8±1.6	4.8±1.5

平均±標準偏差、n＝10

光の集め方

以上より、前翅と後翅で光の反射方向の違うことがわかったが、両者の違いはこれだけではない。表7－1に見る通り、反射率（反射光の強さ）も前翅と後翅で違っている。反射率は、全測定値中の最大値（つまりグラフの最も高い点）で代表されているが、それは前翅の〇・七九に対して後翅の一・〇七である。前翅は後翅の七割程度の光しか反射していない。ここで後翅の反射率が一を超えるのは不自然だと思われるかもしれないが、それは反射率を標準白板に対する比で表しているからである。標準白板の表面を作る硫酸バリウム粉末の反射は散乱に基づくが、翅による反射は特定の方向に光を集める構造色に基づいている。構造色による一を超える反射率は、オランダ、フローニンゲン大学のボードー・ウィルツらが測定したムラサキシジミなどでも報告されている[26]。

さて、前翅による低い、後翅による高い反射率だが、それは両翅での光の集め方が違うからだろう。外から来る光量が一定なら、それを広くばら撒けば弱まるだろうし、特定の方向に集中させれば強くなるだろう。前翅は光をばら撒き、後翅は光を集めて反射しているはずである。そこで光を集める程度の指標として、全反射測定値（一二〇個の測定値）の「標準偏差」を求めてみた。光を均等にばら撒けば、各点での測定値は似たような値になり、標準偏差は小さくなる。一方、光を集めれば、強い光の点と弱い光の点が生じるため、各測定値は大きくばらついて、標準偏差は大きくなるはずである。このようにして求めた反射光の集中度を表7－1に示した。前翅の〇・一七に対し、後翅は〇・二二である。明らかに後翅は光を集めている。

反射光の集中度も、翅面上の鱗粉の状態によるだろう。集中度に影響する要因として二つが考えられる。一つは、個々の鱗粉の向きのばらつきである。個々の鱗粉があちこち向いていれば反射光は拡散し、個々の鱗粉がみな同じ方向を向いていれば反射光は集中するだろう。もう一つは、鱗粉自身の曲がり具合である。大きく曲がる鱗粉は光をばらつかせるだろうが、平たい鱗粉は特定の方向に光を向けるだろう。

まず第一の鱗粉面の向きのばらつきだが、それは、表7－2の「鱗粉の傾きや方位」の「標準偏差（ばらつき）」に見るように、前翅と後翅で大きく違うことはない。これに対し鱗粉の形態は両翅で大きく異なる（図7－3E、F）。前翅の鱗粉は細長く曲がっているのに対し、後翅の鱗粉は幅広く平たい。この形態的違いが、両翅での反射光の集中度の差をもたらしているだろう。

鱗粉の曲がり具合の指標として「曲率」を求めた。高速道路ではときに「R＝500m」といった表示を見るが、これは半径五〇〇メートルの円の弧に相当する道路の曲がり具合（曲率半径）を表している。この表示では、数値（半径）が大きくなると曲がりは緩やかになるが、物理的には値が大きいほど曲がりが強くなるべきなので、半径（R＝radius）の逆数（1/R）を曲率としている。測定では鱗粉の正中線（中心を通る長軸）上の先端付近、中心付近および基部付近に三点をとり、それらの空間内での座標を求めた。そしてこの三点を通る円を求め、その半径の逆数を鱗粉面の曲率とした。この測定も、チョウ一〇個体の、翅一枚当たり四〇個の鱗粉の計測に基づく。**表7－2**を見る通り、曲率は前翅で大きく後翅で小さい。後翅による強い集中光、前翅による弱い拡散光が、鱗粉の曲がり具合によって説明できる。

前方内側への反射

以上よりメスアカミドリシジミでは、前翅は弱い拡散光を大きく前方に向けて、後翅は強い集中光をやや前方に向けて反射しているのがわかった[27]。これには、どのような意味があるだろう。

まず反射光の方位について考えてみよう。前翅の方位は六〇度なのに対し、後翅の方位は一七度だった。だがこれらの角度は、翅の基線からの角度である。そこでこれらの角度を、彼らが自然界にいるときの状態に変換してみよう。メスアカミドリシジミの雄はふつう縄張りを張り、枝先などに止まって翅を広げている。その姿勢では、前翅前縁は体軸に対してほぼ直角となり、後翅内縁（翅基部から翅の後端に向かうへり）はほぼ体に接する。このような翅の姿勢では、前翅の反射光は、体前方の体軸寄り一五度の方向に向かい、後翅の反射光は、体前方の体軸寄り二〇度の方向に向かう（図7－4）。したがって自然状態では、前後翅いずれもが真正面のやや内側に光を送り出していることになる。

では前方への光の反射には、どのような意味があるのだろう。自然界での縄張り雄は、あたかも侵入者を見張るかのように広い空間に向いて止まっている。その姿勢では、翅からの光は広い空間に向けられる。それは潜在的侵入者へのメッセージとなろう。侵入雄に対しては「ここにはすでに雄がいるぞ」と警告し、雌に対しては「ここに美しい雄がいるんだよ」と宣伝しているかもしれない。第10章で述べるように、やはり縄張り性のジョウザンミドリシジミで、雄のグリーンの翅がライバル雄の侵入を抑えるのが証明されている。前方への反射は少なくとも侵入雄に対する排他的な情報となっているだろう。

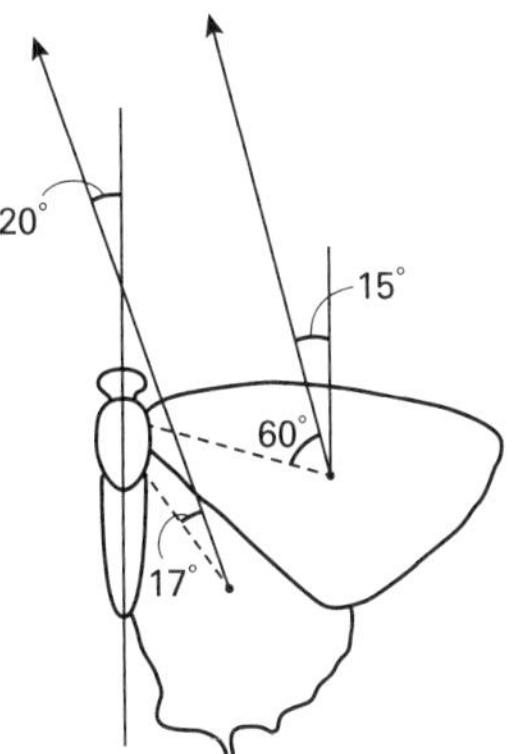

図 7-4　自然の姿勢では、上方からの光は前方やや体軸寄りに反射される。

次に、前後翅による反射光の広がりの違いに目を向けよう。前翅は弱い光を広い範囲に、後翅は強い光を狭い範囲に反射している。まず翅のもつ機能であるが、その第一は「飛翔」である。チョウにおいては、さらに色や模様を導入することによって、追加的に翅に「情報」の機能ももたせた。この飛翔と情報という二つの働きの重みが、前翅と後翅で違うかもしれない。

飛翔にとって前翅が重要なのは直感的にもよくわかる。飛翔に際して、空気を切り裂いて突き進むのは前翅前縁である。そこには、チョウに限らずトンボやハチなどでも、太く丈夫な翅脈が備わっている。また自然界では、後翅のかなり破けた個体でも飛んでいるが、前翅の大きく傷んだ個体はあまり見かけない。さらにジャコウアゲハなどでは、後翅を引きずるようにして飛ぶのがよく見られる。こうした観察は、飛翔における前翅の重要性を物語っている。

前翅と後翅の役割

もう五〇年以上も前だが、ドイツ、ミュンヘン大学のヴェルネル・ナハティガルは、チョウやガの鱗粉が飛翔に役割を果たすという面白い論文を発表した[28]。実験的に鱗粉を落とした翅と落とさない翅を用意し、空気の流れる条件下でそれらが生ずる揚力を測定したところ、鱗粉のある翅の方が大きな揚力を発生させた。鱗粉の存在が飛翔に関係するなら、当然その形態も関係するだろう。ミドリシジミの前翅で見られたような、細長く曲がった鱗粉が大きな揚力を発生させるなら、ミドリシジミにおける前後翅での鱗粉の形態差は、飛翔と情報という点から説明できそうである。大きな揚力を生み出す鱗粉を飛翔にとって重要な前翅に配置し、強い光を生み出す鱗粉を情報として重要な後翅に配置している、と言えそうである。

だが鱗粉による揚力発生説は広く認められているわけではない。テキサス大学のロバート・ダッドリーは、二〇〇〇年にまとめた昆虫の飛翔メカニズムに関する著書の中で、この説に疑問を投げかけている。[29] 通常、揚力の発生は対応した空気抵抗（drag）を伴うが、不思議なことにナハテイガルの測定ではそのような抵抗は生じていない。

鱗粉による揚力発生説が受け入れられないとするなら、ミドリシジミの前後翅での鱗粉の形態差は、別の説明を必要とする。ミドリシジミの前翅と後翅は多少の差はあれ、いずれもグリーンに輝いている。したがってどちらも情報としての機能をもつだろう。だがその内容は違うのかもしれない。後翅による前方への強い光は侵入雄への警告で、前翅による広い範囲への光は雌たちへのメッセージかもしれない。チョウの雌は一般に隠蔽的で、ミドリシジミなどでは背後の樹木の暗がりにいることが多い。そうした雌たちへは、広い範囲に光をばら撒く前翅が大きな役割を担っているのかもしれない。このような説明は一応可能だが、その真偽には検証を要する。

メスアカミドリシジミの前翅と後翅による反射の違いはあまり知られていない。通常の図鑑ではメスアカミドリシジミの雄の翅は、全面がほぼ均一な緑色である。しかし自然界の彼らの姿は図鑑とは違っているはずである。かつて和歌山県大塔(おおとう)村の修験の滝の橋の上から、腹ばいになって下の枝先に止まるメスアカミドリシジミを撮影したことがあるが、前翅は輝いているのに対し後翅は茶色であった（口絵⑤）。実際のチョウたちはこうした姿で自然の中で生活しているのである。

ミドリシジミの翅は上方から来る光を前方に送り出している。それはちょうど自動車の「前照灯」のように。もう五〇年以上も前だが、私が自動車学校に通っていた頃には、ヘッドライトは「前照灯」と呼ばれていた。

第8章 紫外線知覚の発見 ～昆虫の色覚～

ミドリシジミの雄の翅は緑色に輝いて美しい。それは雌が美しい緑を好むからだ、というのがダーウィンの考えである。この考えは当然、雌による色の知覚を前提としている。だがダーウィンの時代には、昆虫での色覚の存在は証明されていなかった。

ヘスの実験

現在では多くの昆虫が色覚をもつことは知られているが、以前にはむしろこれに否定的だった。その主要な主張者は、一九〇〇年代初期に活躍した眼科医のカール・フォン・ヘスである。彼は、鳥類や爬虫類、両生類、魚類、昆虫など多くの動物の色覚を調べ、高等脊椎動物には色

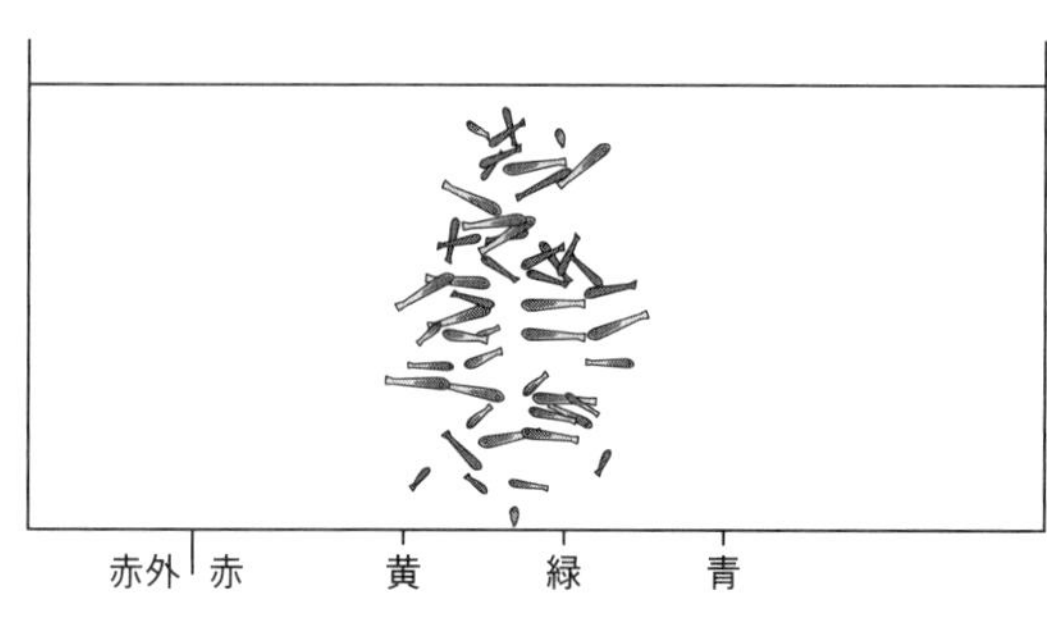

図 8-1　黄緑から緑に集まる魚。文献 30 より描く。

覚はあるが、魚類や無脊椎動物には色覚などないと主張していた。

ヘスは眼科医であることから、全く色の見えない全色盲の人の光に対する反応を知っていた。全色盲の人は、色は見えないが明るさは感じる。いわゆる白黒テレビの世界である。明るさという点から見ると、正常な色覚の人は、虹のような紫から赤までの光のスペクトルのうち黄色をもっとも明るく感じる。これに対し全色盲の人は、正常の人が緑から黄緑に見る区域をもっとも明るく感じ、赤の末端に位置するとくに長い波長の光を感じない。そこでヘスは、正の走光性を示す魚、つまり明るいところへ行こうとする魚について、どのような光が彼らを誘引するか調べた。[30] 横幅二〇センチメートルの水槽に体長一センチメートルほどのコイ科の一種の小魚を多数放し、水槽の側面にはプリズムで虹のような色彩の帯を照射して、魚がどこに集まるか観察した。すると彼らは緑から黄緑の区域に集中的に集まった（図8－1）。全色盲の人の反応とよく一致している。また水槽の左右をさまざまな色の光や灰色の光で照らし、魚たちがどちらに来るか調べた。その際、左右からの光量が等しくなるよう調節した。実験結果は、魚たちは常に全色盲の人が明るいと感じる区域に集まる、というものだった。こうした一連の実験を通じてヘスは、魚は色盲に違いないと推定した。さらにヘスは、似たような手法で環形動物のカンザシゴカイ、棘皮動物のヒトデやウニ、甲殻類の仲間のフジツボ、またミツバチなどを調べ、魚類や無脊椎動物には色覚がないだろうと推定した。つまりヘスの考えは、色覚は脊椎動物の系統進化のある段階で獲得されたというものである。

こうした中、ミツバチの「8の字ダンス」で知られたカール・フォン・フリッシュは、魚や昆虫には色が見えないという考えに疑問をもっていた。というのも、当時彼は魚の体色の色彩適応を研究していたので、魚に色覚がないなど考えられないと感じていた。また、きれいな花を訪れる昆虫にも当然色覚はあるだろうと思っていた。

そこでフリッシュは一九一二〜一三年にかけてミツバチを使った大規模かつ厳密な実験を行い、彼らに色覚のあることを証明した。その結果をフリッシュは一九一五年に、「ミツバチの色覚と形態認知」と題する一八二ページにおよぶ論文の中で詳細に報告している。[31] 次に、その一部を紹介しよう。

フリッシュの実験

フリッシュはまず、色盲の人と動物との反応の類似性に着目するヘスの手法を適切でないと指摘し、彼としてはミツバチの学習を利用した。特定の色の紙の上に蜂蜜ないし砂糖水を置いて、彼らが甘い餌と色を結びつけるかテストした。たとえば「黄色」のような特定の色の紙の周囲に明るさの異なる多数の灰色の紙を置き、黄色の紙の上にのみ砂糖水を置いて、彼らがその色を覚えたであろうと思われるころ、すべての紙の上に砂糖水を置いて、それでも黄色の紙にやって来るか観察した。もし彼らが色盲なら、黄色と同じ明るさに見える灰色にもやって来るはずである。

こうした実験には明るさの異なる灰色の紙が多数必要である。そこでフリッシュは初年度(一九一二年)の実験では、光沢のない印画紙をさまざまな時間露光させて黒から白までの三〇段階におよぶ灰色を作った。その段階は非常に細かく、私たち人間には隣接する二段階を区別できないほどだった。白と黒を含む三〇段階の灰色に黄色二枚を加えて三二枚とし、横八枚縦四枚の長方形を作って机の上に並べた。各紙のサイズは一〇×一五センチメートルである。すべての紙の上には直径四センチメートルの透明なガラスのシャーレを置き、黄色のシャーレにのみ蜂蜜を入れた。

また、この不自然な実験条件でもミツバチが訪れるよう、実験机の脇にはもう一つ机を置いて蜂蜜を塗った大きな紙を乗せた。こうするとミツバチはやがてそこへやって来て、その机を取り除いても実験机に来るようになった。蜂蜜は匂いが強いので、翌日以降は濃い砂糖水に置き換えた。ミツバチは頻繁に砂糖水を訪れ、シャーレはすぐに空になるので、ほぼ三〇分ごとに注ぎ足すこととした。その際、彼らは砂糖水を位置で覚える可能性があるので、黄色の紙を任意の位置に移動させた。

こうした二日間の訓練の後、実験にとりかかった。多数のミツバチが集まった黄色い紙は匂いが残っているかもしれない。そこでシャーレともども新しいものと取り換え、また位置も新しくした。そして灰色を含むすべてのシャーレに砂糖水を入れて、ミツバチの訪問を待った。実験机を訪れたミツバチは、真っ先に黄色にやって来た。灰色の上には砂糖水があるにもかかわらず、それを無視した。実験開始後の一〇分間にやって来たミツバチは合計七七匹だったが、二九匹は一つの黄色に、四五匹はもう一つの黄色に、残りの三匹は明るさの異なる三枚の灰色にそれぞれ一匹ずつやって来た。訪れたミツバチの九六パーセントが黄色に来たのである。

この結果は明らかにミツバチに色覚のあることを示唆している。だがフリッシュは慎重だった。彼は砂糖水の匂いの可能性を完全に否定するため、こんな実験もした。そこでは色紙として青を使ったが、訓練後の実験では青を除くすべての灰色の上のシャーレには砂糖水を入れ、青のシャーレには何も入れなかった。にもかかわらず彼らは、砂糖水のある灰色の紙を飛び越

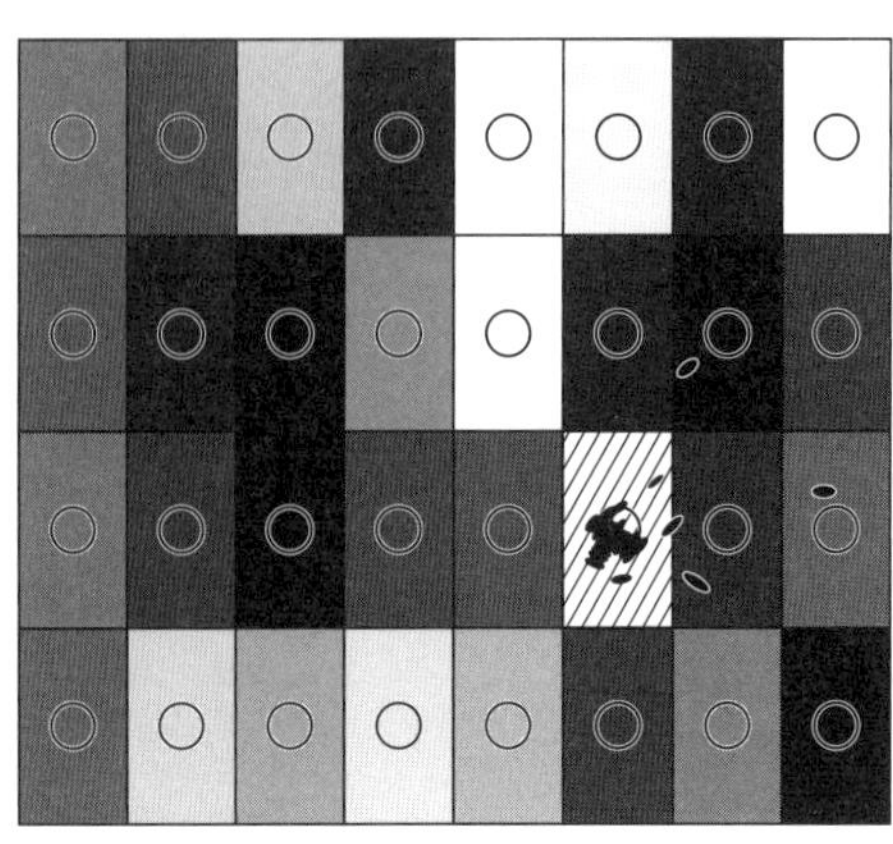

図 8-2 青い紙（斜線）に集まるミツバチ（黒い影）。文献 31 より描く。

えて、砂糖水のない青い紙に群がった（図8－2）。青に来たミツバチは砂糖水がないので次第に行動を広げて灰色との境までやって来たが、そこで彼らは青と灰色の境の青側にハチの集団を作った。明らかに色がわかっているようだった。また一部の個体は灰色域に侵入して砂糖水を見つけることもあったが、そうなるまでにはかなりの時間がかかった。

赤の見えないミツバチ

ことによると、用いた灰色の中に黄色あるいは青と同じ明るさの灰色がなかったのかもしれない。フリッシュは灰色についても実験している。白をNo.1、黒をNo.30と明るさの順に番号を振って、中間のNo.15をミツバチに教えた。その際、紙の枚数を合計三二にするため白と黒を一枚ずつ加えた。

テストの結果は、彼らは灰色を学習しないというものだった。この種の実験を五回やっているが、いずれもミツバチはNo.15の灰色に集中的に来ることなく、白から黒までの幅広い範囲の灰色にばらばらとやって来た。五回の実験結果をまとめると、実験机に来た一六九七匹のうちNo.15に来たのは一三一匹（八パーセント）、その両隣の灰色（No.14～16）を含んでも三八〇匹（一八パーセント）、No.13～17の灰色には合計三六六匹（二二パーセント）と集中することなく、白（No.1の二枚に七三匹、四パーセント）から黒（No.30の二枚に一三三匹、八パーセント）までのすべての灰色の紙を訪れた。彼らは灰色を覚えないのである。彼らが特定の灰色を覚えないことから、二年目（一九一三年）の実験では白から黒までを一五段階と間隔を広げ、市販の紙を使うこととした。灰色での実験結果は、黄や青の実験結果と決定的に違う。もし彼らが色盲であったら、黄や青の実験で見たような特定の紙への集中的な反応は起こらなかっただろう。彼らはちゃんと色が見えているのである。

だがさらに、こんな異論があるかもしれない。テスト用紙は色によって印刷時のインクの匂いが残っているかもしれない。そこでフリッシュは、机の上に大きな透明のガラス板を置いて、すべての紙を覆った状態でテストした。にもかかわらず彼らは訓練した色を識別できた。彼らは明らかに、紙の明るさや匂い、紙の位置といった情報とは関係なく、色そのものを識別していると結論できる。

二年にわたる多くの実験からフリッシュは、ミツバチが黄や青以外にもオレンジや黄緑、スミレ色、紫なども識別できることを示した。だが面白いことに、彼らはしばしば赤と黒を間違えた。たとえば赤を教えたある実験では、机にやって来た一六三匹のうち四八匹（二九パーセント）が赤に、二一匹（一三パーセント）が黒にというように赤にもっとも多く来ることもあったが、もう一つの実験では三五八匹中一一匹（三パーセント）が赤に、三〇五匹（八五パーセント）が黒にというように黒に強く反応することもあった。また黒を教えた実験では、一枚の灰色を赤に代えると二六四匹中一八四匹（七〇パーセント）が赤に、三九匹（一五パーセント）が黒に来た。こうした事実から、彼らには赤は見えないものと考えられた。フリッシュは「彼らの目は赤と黒を同じように見ている」と結論づけた。

昆虫に赤が見えないのは、現在私たちが使っている教科書にも記されている。これに対し彼らは、私たち人間には見えない紫外線を知覚する。一般的に、私たちが知覚できる光の波長範囲は四〇〇～七〇〇ナノメートルであり、昆虫では三〇〇～六〇〇ナノメートルとされている。昆虫の色覚は一〇〇ナノメートルほど短波長側にずれている。では、私たちには見えない紫外線を昆虫が見ているという事実は、どのようにしてわかったのだろう。

紫外線知覚の発見

イギリスの銀行家であり政治家でもあるジョン・ラボックは、一九世紀末から二〇世紀初頭にかけて生物学の分野でも優れた業績を残したアマチュアの博物学者である。その業績の中にアリやハチなど膜翅目昆虫に関するものがある。彼は、こうした昆虫の生態や行動を詳しく調べていたが、アリの色覚についても調べていた。ミツバチは色とりどりの花を訪れることから色覚があろうことは容易に予想されるが、アリは獲物を匂いで探すことから色覚などないように思われる。にもかかわらず彼はアリの色覚に関心をもち、どのようにすればそれがわかるか模索していた。そして次のような考えに至った。

アリは巣が壊されると暗がりに逃げる。この行動を使えば、彼らがどのような光に敏感かわかるだろう。色ガラスや色のついた液体、またプリズムを使ってアリの振舞いを観察した。ヤマアリ属やケアリ属などのアリを使い、アリ自身が隠れる行動、蛹(さなぎ)を暗がりへ運ぶ行動、幼虫が逃げる行動などについて多くの実験をしている。そうした中で、彼らの紫外線知覚を発見したのである。(32)

まず緑、黄、赤とスミレ色の四枚の色ガラスを使い、ヤマアリ一七〇匹のいる巣の上に並べて、彼らがどこに集まるか数えた。その際、色ガラスの位置を三〇分ごとに循環的にシフトさせた。これを六時間かけて行ったところ、アリの合計数は、赤八九〇匹、緑五四四匹、黄四九

五四、スミレ色五四というものだった。明らかに彼らは短い波長のスミレ色から逃げる。彼らはスミレ色の光に敏感なのである。

他のアリの種でも色ガラスや着色液を使った実験から、同様のことが確認された。彼らは赤や黄、緑などより、むしろ紫やスミレ色の光を避ける。だがここで一つ疑問が生じる。アリたちは本当にスミレ色を嫌うのだろうか。実は彼らはスミレ色が嫌いなのではなく、むしろ緑のような他の色が好きなのかもしれない。そこでラボックはこんな実験をした。巣の上にスミレ色と緑のガラスを並べ、緑のガラス上には緑の光を遮るように別のスミレ色のガラスを重ねてみた。二枚のガラスの下には緑の光はなく、真っ暗になるはずである。結果は、緑の上にスミレ色を重ねようが重ねまいが、アリたちはそこに集まるというものだった。彼らは緑が好きで集まっていたのではなく、緑を暗く感じるから集まっていたのである。

こうした実験から、アリはスミレ色や紫に非常に敏感なことがわかった。スミレ色を明るく感じるのは、私たち人間の感覚とはだいぶ違う。彼らの感覚が私たちの感覚とどのように違うか、ラボックはさらにプリズムを使った実験をした。露出したヤマアリの巣の表面にプリズムで三〇×一五センチメートルほどの虹の帯を照射してみた。すると驚いたことに、真っ先に蛹を運び出したのは、私たちには見えない紫の外側の暗い領域、つまり紫外域だった。運び出された蛹は赤や緑、ときには青や紫にも置かれたが、紫外域の蛹がなくなると、次には紫やスミレ域の蛹を黄や赤の領域へ運び、紫やスミレ域の蛹がなくなると黄や赤の蛹を赤の外側の赤外域へと運び出した。このように波長の短い領域のものが優先的に長波長域に運び出された。かくしてアリは紫外線を知覚し、それにもっとも敏感であることが証明された。

昆虫は紫外線が好き

ハチやアリに限らず多くの昆虫が紫外線に敏感なのは、他の実験からもわかっている。たとえばヘンリー・ヴァイスが三年間かけて行い、一九四三年にまとめた実験がある[33]。先のラボックの実験ではアリの光から逃げる行動が使われたが、ヴァイスの実験では虫たちの光に集まる走光性が使われた。

直径六〇センチメートル高さ一二センチメートルの円形の容器の中央に大きな円形の部屋を設け、その周囲には多数の小部屋を作る（図8-3）。小部屋の外側の壁にはフィルターのはまった小窓があり、そこからは特定の波長の一定の強度の光が入射している。小窓

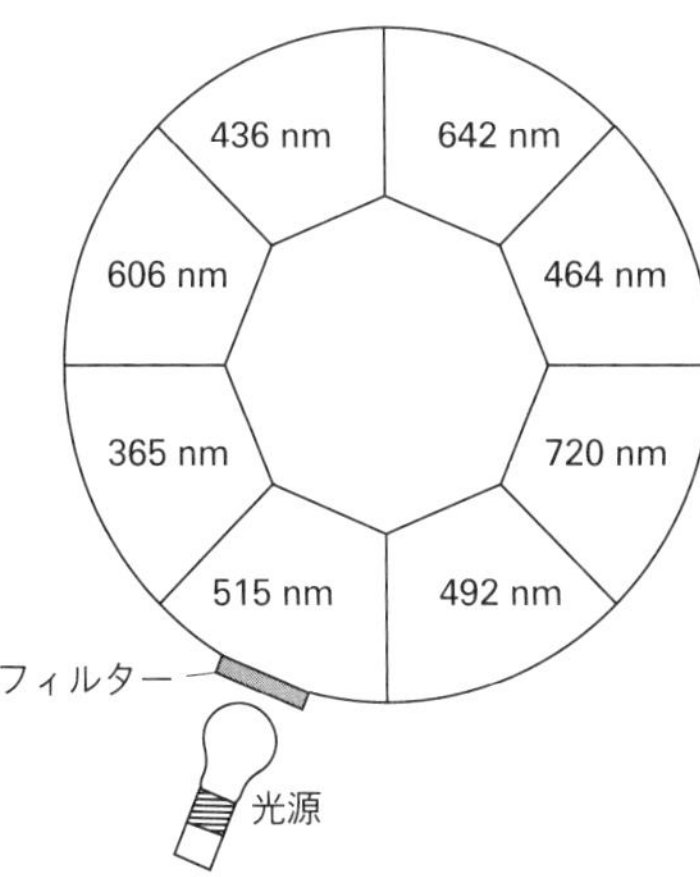

図 8-3　ヴァイスの使った実験装置。中央の部屋に導かれた昆虫は周囲の部屋へ自由に入れる。文献 34 を改変。

からの光は三六五ナノメートル（紫外線）から七二〇ナノメートル（赤）までの一〇種類の波長の光である。マメコガネ、ショウジョウバエ、ミツバチ、カメムシなど二三種の昆虫を中央の部屋に導き、自由に小部屋を選ばせる。こうしたテストを八八回行ったところ、合計一万四八四〇四匹の個体が小部屋に入った。もっとも多かったのは紫外線の部屋で三六パーセント、次が青味の強い青緑色（四九二ナノメートル）で一八パーセント、三番目が青緑色（五一五ナノメートル）で一三パーセントだった。赤い部屋は人気がなく、わずか一パーセントに過ぎなかった。昆虫たちは紫外線にもっとも敏感なことがわかる。こうした背景をもとに、今日私たちが使っている「誘蛾灯」は紫外線を強く発散するようにできている。

第9章 雌は雄の色を見るか ～チョウの色覚～

チョウの色覚はどうだろう。チョウに色覚があることは、現在では多くの研究からわかっている。動物の色覚を知るのにはいくつかの方法があり、前章で記したような行動学的手法によるもののほか、電気生理学的手法や、また光受容色素の分析といった手法もある。さまざまな手法による研究を総合的にまとめたアリゾナ大学のアドリアナ・ブリスコーたちは、有翅昆虫が紫外、青、緑の三原色に基づく色覚系を中生代のデヴォン期に進化させただろうと推定している。[35] 動物界を広く見わたすと、色盲とされる動物には夜行性の哺乳類などが知られているが、昆虫では夜行性のガでさえ色覚が認められている。またわが国の蟻川謙太郎さんらは、アゲハチョウが紫外、紫、青、緑、赤の五つの色受容細胞をもつことを報告している。[36] 彼らは、赤、緑、

青の三つの色受容細胞でやっている私たち人間より、はるかに優れた色彩感覚をもつものと推定される。ミドリシジミの仲間も、おそらく幅広い色覚世界をもつだろう。

翅の色と色覚

こうしたチョウの色覚に関する研究の中で、とりわけ私の関心を引いたものにニューヨーク州立大学のスチュワート・スワイハートの研究があった[37]。それは電気生理学的手法に基づくもので、青く輝く翅をもつモルフォチョウの眼は青い光（四八〇ナノメートル）に敏感で、赤い大きな紋を翅にもつアカスジドクチョウの眼は赤い光（六三〇ナノメートル）に敏感なことを示すグラフが載っていた（図9－1）。これらのチョウは、自分たちの翅の色にとくに敏感な視覚系をもつのである。

しかしながら他方では、翅の色と色覚とのストレートな関係を必ずしも認めない報告もあった。わが国の視覚生理学の草分けである横浜市立大学の江口英輔先生は、わが国に産する三五種のチョウの複眼を電気生理学的に調べ、色覚は翅の色というよりはむしろグループとしての影響が強いことを示す結果を得ていた[38]。シロチョウ科三種の分光感度曲線（どのような波長の光に敏感かを示す曲線）は紫外と紫の境あたりにピークをもち、セセリチョウ科二種は緑色域にピークをもっていた。またシジミチョウ科では、翅の赤いベニシジミも青いルリシジミやヤマトシジミも、いずれも紫外と紫の境の四〇〇ナノメートル付近から紫外域にピークをもっていた。

翅の色と色覚は対応するだろうか。スワイハートの言うようにもし対応するなら、それはミドリシジミの仲間で面白い問題を引き起こす。ダーウィンは、雌は雄の翅を見て、より美しい雄を選ぶと言う。それなら雌は雄の翅の色に敏感なはずである。ミドリシジミの雌は緑に敏感だろうか。これに対して雄はどうだろう。その感度は地味な雌の色に対応しているだろうか。もしそうなら雌雄で異なる色世界をもつことになる。またアカシジミのように雌雄ともに同じ翅の色の種は、

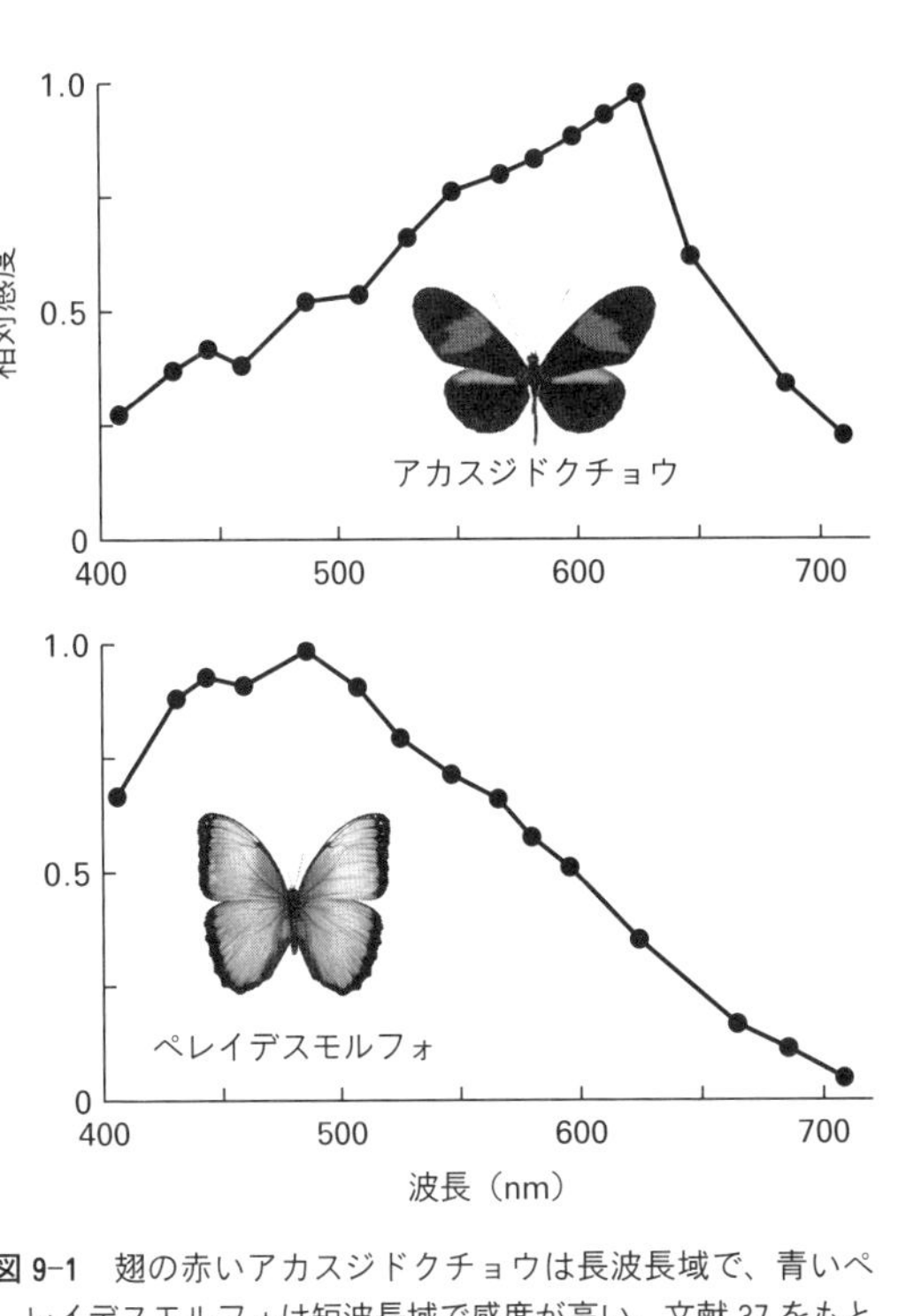

図 9-1 翅の赤いアカスジドクチョウは長波長域で、青いペレイデスモルフォは短波長域で感度が高い。文献 37 をもとに描く。

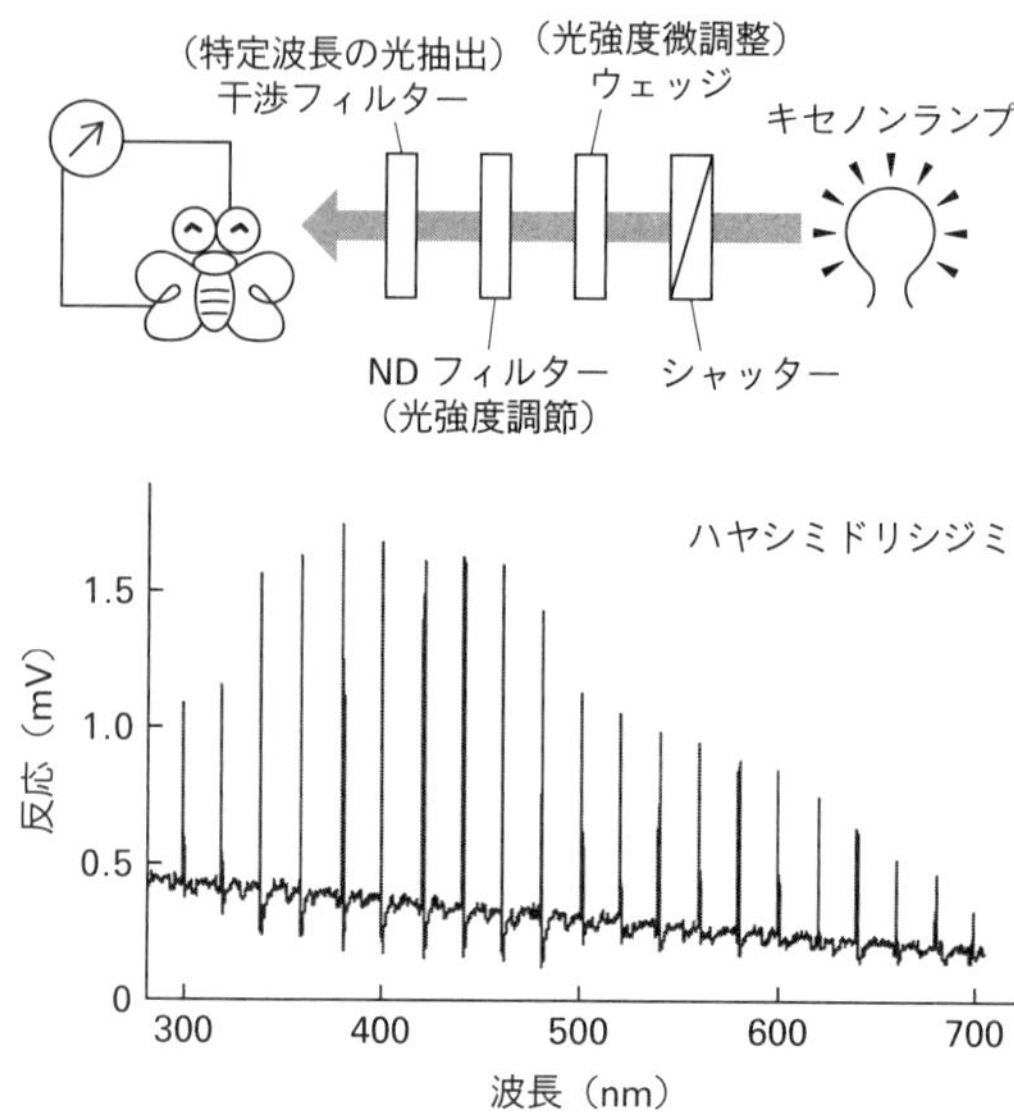

図 9-2　網膜電位測定法（上段）と測定結果の一例（下段）

雌雄いずれも同じような色覚系をもつだろうか。このあたりはぜひ調べてみたいところである。

いつかミドリシジミ類の色覚を調べたいと思っていた。そんな中、江口先生の弟子であり、現在ではこの分野の第一人者である蟻川謙太郎さんに、電気生理学的手法によるチョウの分光感度を調べる作業を見せてもらう機会を得た。それは網膜電位測定法（electro-retinogram、ERG）というものだった。その手法は、複眼にさまざまな色の光を当てて、どのような色に敏感かを調べるものである（図9－2）。具体的には、暗い部屋の中にチョウを固定し、種々の波長の光を順次複眼に当てて、複眼と体の一部に固定した電極間の電圧を測る、というものである。こうして得られる、波長に対する反応電圧の高さ（分光反応）から、波長に対する感度（分光感度）を計算する。見せていただいた作業は比較的簡単に思われ、これなら私でもできそうな気がした。そして実際、後に私もやってみることになるのだが、それは結構繊細でかなり熟練を要することがわかった。

測定装置を揃える

幸いそのころ、私の研究費にもいく分かの余裕があった。とはいうものの、こうした装置一式はかなり高額なので、自作では不可能な、種々の波長の光を一定の強度で出力する光刺激装置だけは業者に依頼した。その装置を駆動するためのコンピュータは、大阪日本橋の電器屋街で二万円ほどで購入した中古とし（新しいものより古いものの方がインターフェースがわかりやすい）、駆動プログラムも自作した。また複眼からの反応は、脳波や心電図のように微弱な電圧として出力するので、必要な増幅器は以前に似たようなことをしていた知人からもらった。こうして何とか装置一式を揃えることができた。

さて測定である。ミドリシジミ類の成虫の出現期には季節性があるので、とりあえずミドリシジミの仲間に近いムラサキシジミを調べてみた。滋賀県大津市より多数のムラサキシジミを採集してきて、雌雄それぞれ約一〇頭を測定した。得られた分光感度曲線は、紫外と紫の境（四〇〇ナノメートル）に大きな第一のピークを、青色域（四八〇ナノメートル）にやや低い第二のピークをもつものだった。また明瞭な雌雄差も認められた。第二のピークの高さおよび、それより長波長域での感度は、雌の方が常にやや高かった。紫外と紫の境にピークをもつという結果は、江口先生の報告したシジミチョウ科一般の傾向とよく一致する。また長波長域での雌のやや高い感度については、こんな理由があるだろう。雄は、雌や競争相手としての他の雄の翅を見る必要性から、その眼は彼らの翅の色（三六〇〜四〇〇ナノメートル）に対応している一方、雌はさらに求蜜や産卵も行う必要があるので、緑や黄、赤といった長波長域の光にも敏感になっているのだろう。

私が電気生理学的手法で測定を行うのはムラサキシジミがはじめてである。私によるこの手法での再現性を確認するため、ムラサキシジミの異なる個体群も調べてみた。当時（二〇〇六年ごろ）よく行っていた和歌山県田辺市と、高知市朝倉町から多数のムラサキシジミを採集してきて、同様に調べてみた。結果はいずれも大津個体群のものと同じだった[39]。第一のピークの位置、第二のピークの位置や高さ、また雌雄差もほとんど同じだった。私の手法には問題はなさそうである。

ミドリシジミの色覚

いよいよミドリシジミの仲間である。ミドリシジミの雌は、雄の翅の色に敏感な色覚系をもつだろうか。雌雄で翅の色の同じ性的一型の九種と、翅の色の異なる性的二型の四種について、雌雄それぞれ一二個体を調べた。調べた種数は性的二型でやや少ないが、これには性的二型の種の雌は採集しにくいという理由がある。測定の結果は、すべての種において紫から青色域（四四〇～四六〇ナノメートル）に第一のピークをもつパターンだった。この山はやや長波長寄りだが、可視光域の短波長の端にピークがあるというシジミチョウ科一般のパターンとほぼ一致する。第一のピークを見ると、調べたすべての種で同じだが、他の部分では種ごとに多少のばらつきが見られた。それぞれの種のもつ特性を浮き彫りにするため、調べた一三種全体の平均的パターンを求め、それとそれぞれの種との差を検討してみた。すると、性的一型の種において翅の色と色覚との関係が見つかった[18]。翅の色がオレンジのアカシジミとウラナミアカシジミでは長波長域で平均より高い感度が認められ、翅の青っぽいウラゴマダラシジミとウラミスジシジミでは紫外域で平均より高い感度が認められた。つまりオレンジの翅の種の眼の感度は長波長域で、青い翅の種の眼の感度は短波長域で高かった。翅色と色覚との間の相関が、平均からの差という形で見られたのである。さらにこれらの種では性差も見つかった。翅がオレンジの二種においては、長波長域で雄は雌より高感度であり、翅の青いウラミスジシジミでは、

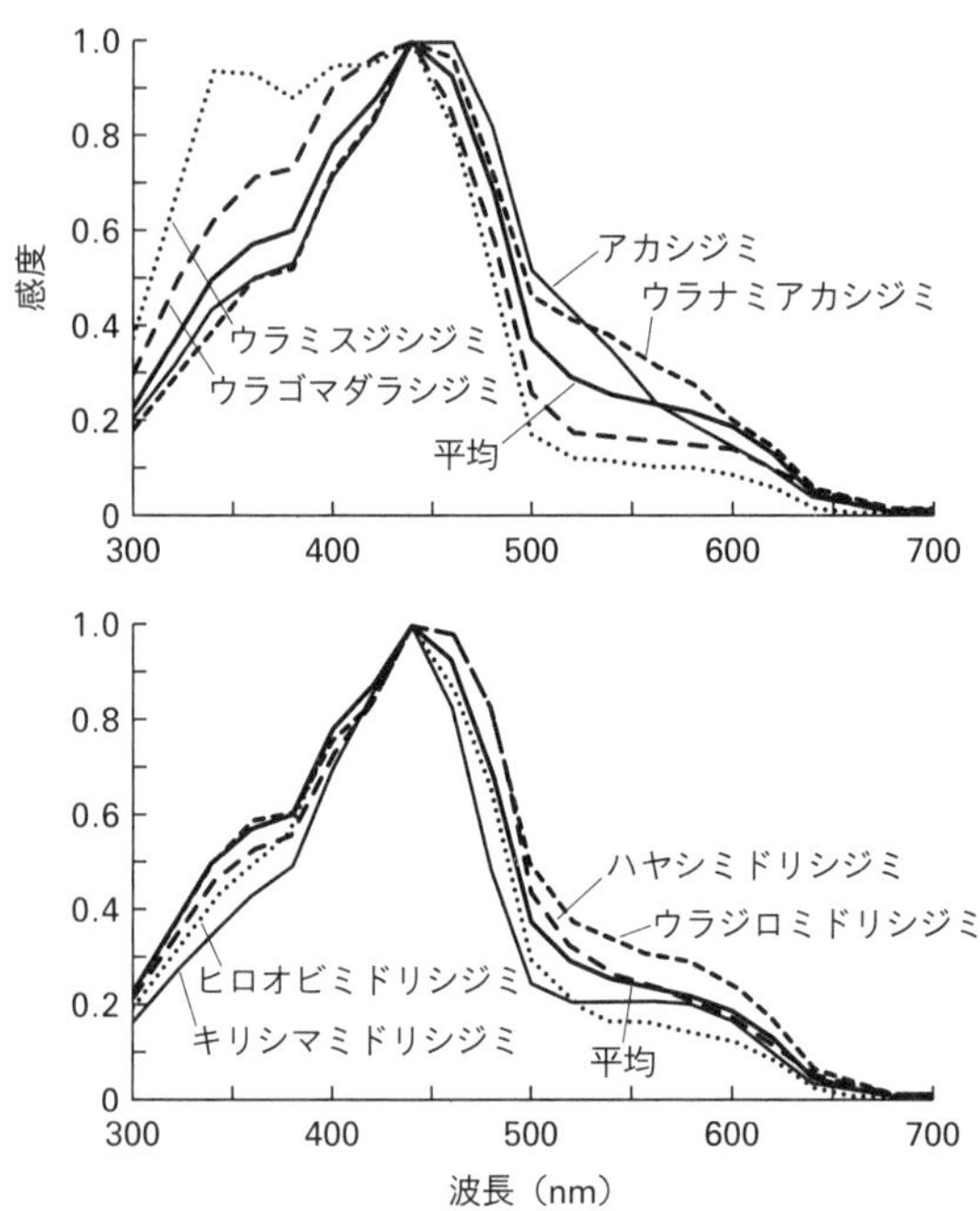

図 9-3 性的一型の種（上）と二型の種（下）の色覚感度。太い実線は 13 種の平均。全体的に両者は類似しているが、一型の種では翅の色と対応した偏りが認められる。

紫外域で雄は雌より高感度だった。一方、構造色によって緑や青にキラキラと輝く翅をもつ性的二型の、いわゆる「…ミドリシジミ」と呼ばれる種では、翅色と対応した分光感度はほとんど認められず、性差もほとんどなかった（図 9-3）。

結局のところ、アカシジミやウラミスジシジミのような性的一型の種では、翅の色と色覚の間に有意な相関が見られ、それはとくに雄で顕著だった。一方、翅が緑や青にキラキラ光るキリシマミドリシジミやウラジロミドリシジミのような性的二型の種では、相関は認められなかった。雄の翅がキラキラ光る種の雌は、その色に敏感であろうと予想して調べたが、そのような結果は得られなかった。したがってダーウィンの言う「雌は美しい雄を選ぶであろう」という仮説は、ここで調べられたミドリシジミ類の電気生理学的研究からは、とくに支持されることはなかった。

色覚測定の限界

ただここで注意を要するのは、色覚を網膜レベルで見ている点である。末端知覚器である網膜での情報は、必ずしもストレートに脳の知覚野に反映されるわけではない。ネコでこんな実験がある。静止状態にあるネコにメトロノームの音を聞かせると、脳に設置した電極には音と対応した反応が現れるが、このネコにネズミを見せると、音が鳴っているにもかかわらず脳の反応は消えてしまう。聴覚器からの情報は脳内のどこかでブロックされてしまうのである。この現象は神経生理学者によって「関門作用」と呼ばれている。

こうした事実は、彼らの知覚を感覚器のレベルで把握するのには限界があることを示している。色覚に関する網膜レベルでの調査結果は、あくまでも一つの可能性を示唆するものに過ぎない。そしてもし、ある明瞭な傾向が認められるなら、それは有益な場合がある。翅の赤いアカシジミや青いウラミスジシジミの、とりわけ雄に見られた翅色に対応した色覚は、それが雄の世界で重要な働きをもつことを示唆している。また電気生理学的研究はミドリシジミの仲間が三〇〇ナノメートルの紫外線から七〇〇ナノメートルの赤に至る幅広い色の世界を見ていることを示している。感覚器の分析はこのように有益な場合もあるが、限界もある。つまり感覚器での否定的結果は、必ずしも「雌は雄の翅の色など見ていない」という結論にはならない。こうした限界は、行動学的分析によって補われるかもしれない。行動の方が脳の世界をよりストレートに反映するだろうからである。動物の内的世界を理解しようとするとき、行動学的手法はしばしば有益である。

第10章

岩木山 ～雄の色の効果～

チョウの翅の色の意味に関する調査として、「色の分析」、「色覚の分析」、「行動の調査」の三つを考えた。「色の分析」からは、チョウの翅の色は概ね見たとおりだが、紫外線が顕著に反射されるケースが多いことや、私たち人間には似たような青に見えても、単独の波長の光から成る青や、異なる波長の光の重なりによる青などがあることもわかった。「色覚の分析」からは、彼らが紫外から赤までのかなり広い範囲の波長の光を受容することがわかり、中でもとりわけ紫外部と可視光部の境あたりの光をもっとも敏感に知覚するのもわかった。さらに翅の色の性的二型の種においては、翅の色と対応した偏った色覚をもつことも明らかにされた。いよいよ第三の「行動に関する調査」である。彼らは色彩豊かな翅をもち、かつそれらを知覚する色覚

系をもつことから、彼らの翅の色が彼らの生活の中で何らかの役割を果たすことが十分予想される。

行動に目を向ける

チョウの翅の色にはどのような意味があるだろう。この問いに対して行動学的視点から一つの解を与えようとしたのは、私たちの研究室で卒業研究をしていた廣瀬行博君である。もう二〇年も前のことである。ちなみに彼は、現在ではチョウなどとは全く関係のない立派な会社に入社し、その道でアクティヴに活躍している。

ミドリシジミの仲間は樹上性で、その行動の観察は難しい。また彼らは飼育下では自然の行動をほとんどしない。はなはだ困った仲間である。そうした中、青森県在住の津軽昆虫同好会会長の工藤忠さんより、「ジョウザンミドリシジミが手の届くような低いところにたくさんいる場所がある」と教えていただいた。そこは岩木山麓の嶽(だけ)温泉の山手寄りの場所で、実際にそこを訪れたところ、早朝から非常に多くの個体が、やや開けた空間を取り巻く樹林の周辺を飛び回っていた。午前中の活動時には、雄は林縁や草地から突き出た低い枝に縄張りを張り、仲間の雄が来ると迎え撃つように接近して、二頭は「卍巴飛翔」と呼ばれる互いに追い合うような円運動の飛翔をしていた(第4章参照)。卍巴飛翔が崩れると、一頭は元の枝に戻ったが、もう一頭はその場から立ち去った。

そこで私はこの場所でチョウの行動に関わる調査を開始した。卍巴飛翔において、縄張り保持者は常に勝つのだろうか。あるいは保持者の交代は頻繁に起こるのだろうか。こうした問いには個体識別をする必要がある。野外のチョウの中にはしばしば翅が破れたり傷ついたりした個体がいるので、そうした損傷を指標として個体識別することができる。しかし調べたい個体が常にそのような傷んだ個体である保証はない。そこで私は目標とするチョウを捕まえて油性ペンで印をつける方法を試みた。ミドリシジミの翅の表はグリーンに輝いて美しいが裏は地味である。おそらく地味な翅の裏は個体間の情報交換にはあまり大きな役割を果たさないだろうと勝手に推測し、翅の裏に点を打つことにした。なるべくストレスを与えないように注意深く網で捕え、指で軽く押さえながらマークして放した。最初はこの手法でうまくいくという自信はなかった。チョウを捕獲すれば、そうとう彼らにストレスを与えるだろう。ひとたび捕まえたチョウは二度と同じ場所に戻らないかもしれない。ところが実際これをやってみると、意外とうまくいった。ほとんどの場合マーク個体は、一〇分ないし一時間のうちに元いた縄張りに戻っていた。こうした調査から、縄張り保持者はほとんど常に侵入者との卍巴飛翔に勝ち、たび重なる闘争にもかかわらず数日間連続して自分の縄張りを保持することがわかった(40)。

学生の参加

このフィールドで私は、ジョウザンミドリシジミの縄張りの広さや、同じ時間帯に活動するアイノミドリシジミとの関係、また今述べたような縄張り保持者の調査などを行っていた。こうした調査には、ときに私の研究室の学生も参加することがあった。そしてある年には廣瀬君もこれに加わった。彼はチョウのことはほとんど知らず、私たちのすることを眺めていたり、借りた網で珍しいウラクロシジミなどを採って喜んだりしていた。彼は理学部の化学系の所属だったが、生物系で卒業研究をしたいということで私の研究室にやって来た。話を聞くと彼は「写真が好きだ」と言う。「それなら色がよかろう、チョウの色を調べてはどうか」ということになった。一般に、鳥でも魚でも南方に生息する種は色彩が派手な傾向がある。そこで同種の中にもそのような傾向があるかチョウで調べてみることにした。彼と私は京都はもとより沖縄にもチョウの採集に行ったが、季節的な影響や時間的な制約のため十分な数の標本が入手できず、あまり明瞭な結果は得られなかった。それでも彼は何とか単位を取って卒業し、大学院生としてウイルス研究所へ進学した。

その翌年の初夏の調査シーズンが始まるころ、突然彼から電話がかかってきた。「今年も青森へ行くのなら、私も連れて行ってください」と言う。「連れて行くのは構わないが、君はもうここの学生ではないから、旅費は出ないよ」と返事すると、「それでもいいです」と言う。よほど嶽温泉が気に入ったらしい。そこでさらに聞いてみると、「やりたいことがあるんです」と言う。「縄張りの中にきれいな翅のモデル（チョウを乾燥して作った模型）と鱗粉を落として汚くしたモデルを置いたら、侵入者は派手なモデルは避けるが、地味なモデルは無視して止まると思うので、これを調べたい」と言う。つまり雄の派手な翅の色は、同種の他の雄に対して抑制的に作用するだろうと言う。「よし、それなら旅費を出そう」と応じ、「侵入者が止まるか否かだけでは差の出ない可能性があるから、ビデオを貸すからモデル付近での侵入者の行動も記録した方がいい」と薦めた。

青森の嶽温泉は京都からは遠い。調査には捕虫網はもとより、ビデオカメラやバッテリー、三脚など荷物が多いので必ず車で行っていた。まず京都より名古屋まで高速道路を走り、そこから仙台まではフェリーボート、そしてさらに弘前まで高速道路を走る。とくに後半の仙台―弘前間は三〇〇キロメートルを超え、かなり疲れる運転だった。車の運転は面倒だったが、フェリーボートは快適だった。海を眺めながらコーヒーを飲んだり、ものを読んだり、考え事をしたり、食事は広いダイニングで好きなものを選んだりした。またピアノ演奏のサービスなどもあった。結構楽しいひとときだった。

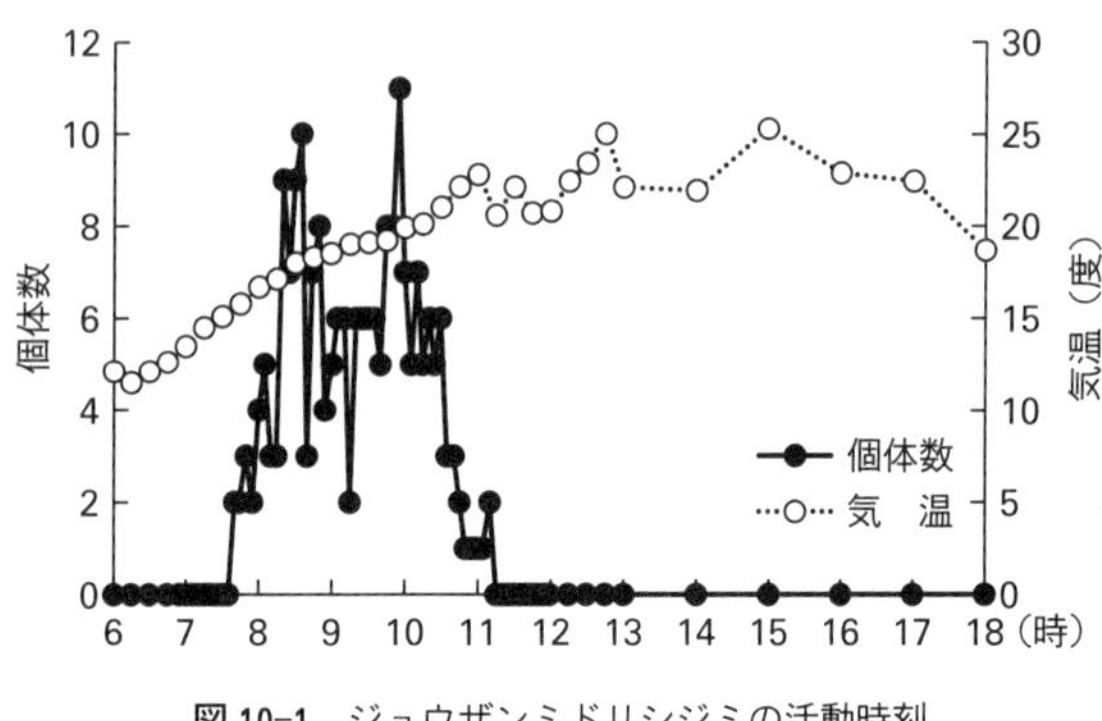

図 10-1　ジョウザンミドリシジミの活動時刻

モデル実験

現地に着くと廣瀬君は実験のできそうな場所を探し、採集したチョウでモデルの作成にとりかかった。ボール紙で小型の台を作り、その上にチョウを固定した。口絵⑥Aに示したように、一部のチョウの翅は筆で鱗粉が落としてあり（地味なモデル）、他のチョウはそのまま美しいもの（派手なモデル）だった。実験は、彼らが縄張りを張る時間帯に行う必要がある。ミドリシジミの仲間では、活動時間が種により決まっているのがよく知られている。アカシジミなら夕刻に、ジョウザンミドリシジミなら朝に活動する。こうした活動時間は場所や緯度、高度などによって多少異なるので、きちんとした実験を行うためには、その調査地での正確な活動状況を把握しておく必要がある。ふつう学生は早起きが苦手なので、活動時間に関する調査は私がやることにした。朝四時に起きて調査地に行き、一五分おきに決まったルートを回って活動個体を数えた。午後は活動

図 10-2　調査風景。植物 M の葉上にモデル設置。

が明らかに低下するのはわかっていたが、それでも一時間に一回くらいはルートを回った。結果は図10－1のとおりである。彼らは七時半くらいから活動をはじめ、一一時には活動を止める。実験は八時から一〇時の間にするのがよさそうである。

広瀬君は八時頃から実験を開始した。縄張り雄のよく止まる枝先の葉にモデルを両面テープで固定し、五分ごとに派手なモデルと地味なモデルを置き換えた。また侵入者の行動も固定したビデオで撮影した。撮影ポイントはやや高めだったので、低い三脚では役立たない。そこで廣瀬君は宿泊所から大きめの傘立てを勝手にもってきて、これに竿をガムテープで固定し、ビデオカメラを載せた（図10－2）。調査フィールドは都会の真ん中とは違う。しばしば予想しなかったような不都合が生じる。そうした事態に臨機応変に対応するのは重要なことである。

得られた結果は明瞭だった。ジョウザンミドリシジミの侵入雄は派手なモデルに対しては止まるのを避ける傾向を示した。侵入雄の着地率は、派手なモデルに対しては二〇パーセントだったが、地味なモデルに対しては二九パーセントだった（図10－3）。では侵入者のモデルに対する行動はどうだろう。ビデオをざっと見たところでは、派手なモデルに対してはその上でクルクル回るような行動がよく見られた。そこでこの行動を定量化するため、撮影画面上で侵入者が右方向から左方向へ、あるいは左方向から右方向へと進行方向を変えたら、それを方向転換とし、その数をカウントすることにした（口絵⑥B、C）。まず侵入者が止まらずに通過する場合を見てみよう。方向転換の数は、派手なモデル上では二・七回だったが、地味なモデル上では〇・七回だった。また侵入者が着地する場合には、派手なモデル上では三・四回だったが、地味なモデル上では二・一回だった（図10－3）。通過・着地いずれにおいても、派手なモデルに対しては明らかに、より多くの方向転換を示した。

結局のところ、ジョウザンミドリシジミの雄の翅の色は、他の雄が近くに縄張りを張るのを抑制し、かつ侵入者に複雑な行動を誘発した。複雑な行動の意味としては、侵入者が闘争飛翔である卍巴飛翔を試みているようにも思われるが、あるいは置かれたモデルを上からよく見ようとしているのかもしれない。いずれにせよ、雄の翅の色は同種の他の雄に対して明らかに効

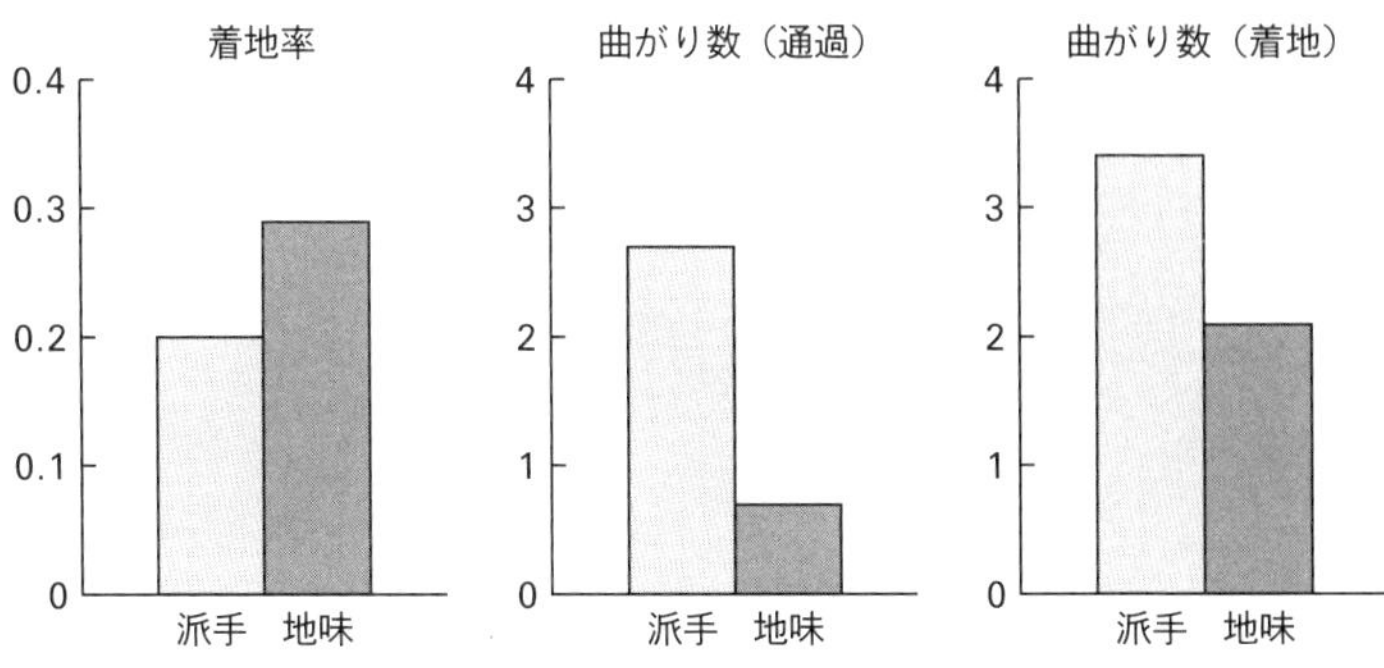

図 10-3　派手なモデルと地味なモデルへの着地率（左）と、通過（中）および着地（右）するときの曲がり数

果をもっている。廣瀬君の初期の予測は当たっていた。

確認の実験

嶽温泉での結果は明瞭だったが、それは一回の調査結果に過ぎない。こうした調査では、独立した（異なる）多数の個体で反応を調べる必要がある。いわゆる統計的な意味での独立性の問題である。モデルの置かれた空間には多数の個体が侵入したが、それらがすべて別の個体であるという保証はない。間違いなく同一の個体が何回か侵入していただろう。そこでこの場所での調査を一回のものとし、異なる場所や異なる年にさらに調査を行い、実験回数を増やさなければならない。そこで私は幾度か青森を訪れ、廣瀬君のやったのと全く同じ方法で実験を繰り返した。こうした追加的作業は私ひとりでポッポッと進めた。

このように私は幾度か弘前を訪れたのだが、そのうち当地へ向かうさらに別の便利なルートがあるのに気づいた。名古屋―仙台と太平洋を回らず、京都より敦賀まで車を走らせ、そこから日本海回りで秋田までフェリーに乗る。秋田から弘前までは再度陸上の運転。こちらの方が陸上を運転する距離が短く楽であった。こちらのルートは一般道を走るものだった。実は私は高速道路の運転が嫌いなのである。なにしろそこは強制的にひたすら運転を強いる場所だからである。これに対し一般道は、スピードは制限されるもののわりと自由に車が止められ、面白そうな林を覗いたり、山に入り込んだりといった楽しみがある。さらにその後、青森よりはるかに近い鳥取県の伯耆大山(ほうきだいせん)でもジョウザンミドリシジミの多産地を見つけ、そこでも何年かかけて追加実験をした。

こうした調査はいつでもうまくいくとは限らない。せっかく現地を訪れたのに悪天候や発生個体数の減少で実験のできない年もあった。ともかく合計一一回の実験を行うことができた。結果はいずれも嶽温泉で最初に行ったものとほとんど同じだった。野外の雄は、すでに美しい翅のモデルがあると、そこに縄張りを張るのを避け、美しい翅に対しては複雑な行動を示した。雄の翅の色は、他の雄の行動に作用するのである。ミドリシジミの翅の色の機能に関する研究は、それまで全く報告されていなかったので、得られた結果をまとめて日本昆虫学会の雑誌に廣瀬君と連名で発表することにした(41)。嶽温泉で最初の実験をしてから一六年も経ってのことである。動物行動の研究というのは、結構手間がかかるものなのである。

第11章　龍ケ崎　〜翅の色による識別〜

ミドリシジミの仲間は樹上性で稀な種も多く、行動の研究はやりにくい。だがときには多産地が見つかり、そんなところでは実験のできそうなこともある。前章で述べたジョウザンミドリシジミのポイントもそんなところだった。一方ミドリシジミの多産地として茨城県の「龍ケ崎」がある（図11-1）。そこは霞ケ浦に近い湿地的な環境で、幼虫の食樹であるハンノキの林が多くあった。その場所は松井安俊さんに教えていただいた。松井さんは奥さんとともに、そこでミドリシジミの飛翔行動や産卵行動の調査、また雌の型の決定に関する研究などを行っていた。

図 11-1　龍ケ崎のミドリシジミの調査地

雌に見られる四つの型

ここでミドリシジミの雌に見られる型について少し触れておこう。ミドリシジミの雌には四つの型が知られている（**口絵②最下段**）。一つは基本的なパターンで、翅の表がこげ茶一色で「O型」と呼ばれる。翅全体は概ねこげ茶色だが、前翅中央やや下に大きなブルーの紋をもつものは「B型」、前翅中央やや上外寄りにオレンジ色の紋をもつものは「A型」と呼ばれる。このブルーとオレンジの両方をもつものを「AB型」と呼んでいる。そしてこれらの型は、しばしば地域によってその割合が異なる。

このようにA、B、AB、O型と聞くと血液型を連想するかもしれない。だが血液型とは全く関係ない。また、その決定が人間の血液型のように遺伝的に決まっているわけでもない。この決定に関しては、わが国の遺伝学の祖である駒井卓先生が、古く一九五二年に小さな報告を発表している。[42] それによると、地域によってそれぞれの型の割合が異なるのは、それぞれの型に対応した遺伝子の頻度が違うからだという。遺伝子頻度によって、ある型をもつチョウの個体数が説明できるので、それは遺伝的に決定されているだろうとの推測である。

チョウのコレクターの中には、寒い地域に行くほどオレンジ紋の発達した個体が多くなる傾向を感じている人がいる。北に行くほどＡ型に関わる遺伝子の頻度は高まるのだろうか。こんな疑問に挑戦したのが、私に龍ケ崎を教えてくれた松井さんである。松井さんは飼育により、雌の型の決定を検討した。[43] 野外より得た幼虫を飼育し、翅の色彩が決定するであろう蛹化後に蛹を二つのグループに分け、一方は一六度の低温に、他方は二二度の常温に曝した。その結果、低温群からはオレンジ紋をもつ個体（Ａ型およびＡＢ型）が有意に多く出現した。オレンジ紋の決定は遺伝子でなく環境によって決定されている可能性が高い。さらに決定的なのは、野外採集のＯ型雌を産卵させてその子を見たところ、ＡＢ型が含まれていた点である。あるＯ型雌からは半数を超えるＡＢ型の子が生まれた。こうした結果は人間の血液型では決して起こらない。松井さんの結果は、ミドリシジミの雌の型が人間の血液型のように単純な遺伝で決まることを否定している。松井さんは、ブルー紋の決定は遺伝子によるかもしれないが、オレンジ紋の決定は環境によるだろうと考えている。わが国に遺伝学を導入し数々の業績を残した駒井先生は偉大だが、チョウに関してはほぼ無名に近い松井さんの方が的確である。「海のことは漁師に問え」と言うが、対象に多く接する人は対象の本質の近いところにいるのだろう。

回転モデルの作成

さてミドリシジミの調査である。ミドリシジミは昼間はほとんど飛ばないが、夕方になると活発になる。雄はよく飛び回り、他の雄と出会うと必ず卍巴飛翔をする。これは数分も続くことがあり、クルクル回る二個体はあちこちに移動して、ときには地面にぶつかるくらい低いところまで来ることもある。このフィールドでの個体数は非常に多く、こうした卍巴飛翔は同時にあちこちで見られる。またときに雌らしいものが出現すると、雄たちは一斉にそれを追う。

彼ら雄は、同種の個体に非常に敏感である。雄の翅は構造色に基づく強い光を放ち、それは遠くまで届くので、彼らがそれに反応して卍巴飛翔に陥るのはよくわかる。一方雌はほとんどこげ茶色で地味なため、雄からは気づかれにくいはずである。しかし生物学的に考えるなら、雄は卍巴飛翔のような無駄な争いなどせず、雌獲得に尽力すべきである。では彼らは目立たない雌と、キラキラ輝く雄のどちらに強く惹かれるだろう。雄と雌の翅でモデル（模型）を作り、野外の雄に提示してどちらによく来るか調べることにした。

モデルは、アイスクリーム・カップの透明な蓋の両面にチョウの翅の表と裏を貼って作る。

したがって一つのモデルを作るのに二個体のチョウが必要となる。ボンドで翅を貼った後、それを縁に沿って切り抜き、その中心には黒く塗った爪楊枝を接着する。モデルは雌と雄の二種類を作るが、破損したときのためにそれぞれ複数作っておく。

こうして作った雌雄のモデルを空中で三〇センチメートルほど離して回転させるのだが、これには市販の小型モーターを使う。モーターの軸にアルミニウム管をつなぎ、その先にモデルを差し込む。また雌雄のモデルの回転が同調するよう、軸にはリール（小型の輪）をはめてタイミング・ベルトをかける。回転装置は黒い箱で隠し、数メートルの繫ぎ竿の先に取り付ける（口絵⑦参照）。そこからは細い電気コードが垂れ下がっていて、手元のコントローラでモーターのオン／オフや回転速度を調節する。ミドリシジミの羽ばたき速度を前もって高速ビデオで測っておき（秒速約二〇回）、モデルの回転速度は見えやすいようにこれよりやや低めにした（秒速約一二回）。

実験の準備として、先のジョウザンミドリシジミと同様、ミドリシジミでもその活動時刻を調べた。朝四時半から日没の七時半まで、一五分から一時間おきに決まったルートを歩いて見つかる個体数をカウントした。三日間の連続調査の結果、彼らが夕方四時半くらいから出現して日没の七時には活動を終えることがわかった。また、この活動性は晴天の日であろうが少々雨の降る日であろうがほとんど変わらなかった。

いよいよ実験である。チョウがよく通過する木々の間に雌雄のモデルをセットし、数メートル離れたところからビデオで撮影する。こうした実験では風向きや太陽の位置などによりチョウは左右のモデルのうちの一方に来やすい可能性があるので、モデルの位置（雄モデルが右か左か）は随時入れ替えることにした。

翅による雌雄識別

この実験を行ったのは大学院生の来田村輔（たすく）君であるが、彼はたいへん真面目なところがあって、モデルの位置だけでなく、モデルの回転方向も考慮した。ことによるとモデルが右回転するときには右モデルに来やすいかもしれない、と考えたからである。実は、彼がそのように考えたのには布石がある。

私はかつてダルムシュタット工科大学のディートリッヒ・マグヌスによるメリーゴーラウンド実験というものを彼に話したことがある。マグヌスは、ヒョウモンチョウの仲間のミドリヒョウモンの雄がどのように雌を探すかを調べていた。(44) このチョウは雌雄ともに翅の表がヒョウのようにオレンジ色の地に黒い紋を散在させており、裏は暗い緑である。そこでこのチョウの羽ばたきにはオレンジ色の点滅が大切であろう、とマグヌスは考えた。そこで茶筒のような円筒形のドラムを横倒しにして、上半分には翅やオレンジ色の紙を貼り、下半分は黒く塗った。

これを回転させると、オレンジが点滅して見えるはずである。さらにこのモデルを回転（自転）させながら、直径三・二メートルの円周上を移動（公転）させた。つまりメリーゴーラウンドのように、モデルはクルクルと自転しながら大きな円周上を公転するのである。このようなモデルに対して、野外のミドリヒョウモンの雄は惹かれ、それを追った。この装置を使ってマグヌスは、雄の追跡速度（時速約二〇キロメートル）や雄を惹きつける羽ばたき速度（オレンジの点滅速度）などを調べたが、その中で面白いことを見つけた。ドラムの自転方向が追跡するチョウの位置に影響したのである。ドラムの手前の面が下に向かうように自転する場合には、チョウはドラムに対してやや下に定位し、手前の面が上に向かうように自転する場合には、やや上に定位した。

こうした事実を知っていた来田村君はモデルの回転方向も考慮したのである。そこでミドリシジミの一回のテストは、まず雄モデルを右位置にして右回転と左回転を行い、次いで左位置にして右回転と左回転を行う、というように四回のサブテストより成り立たせた。一回のテストが独立したデータとなるよう、実験を行う場所や日を変えて、合計一〇回のテストを行った。提示したモデルは、翅表面全体が緑に輝く雄と、前翅にブルー紋をもつB型雌である。

撮影された映像は帰宅してから家庭用の録画機にコピーし、テレビの画面上で解析した。野外雄がモデルの五センチメートル以内に近づいた場合を「接近」とし、雌雄それぞれのモデル

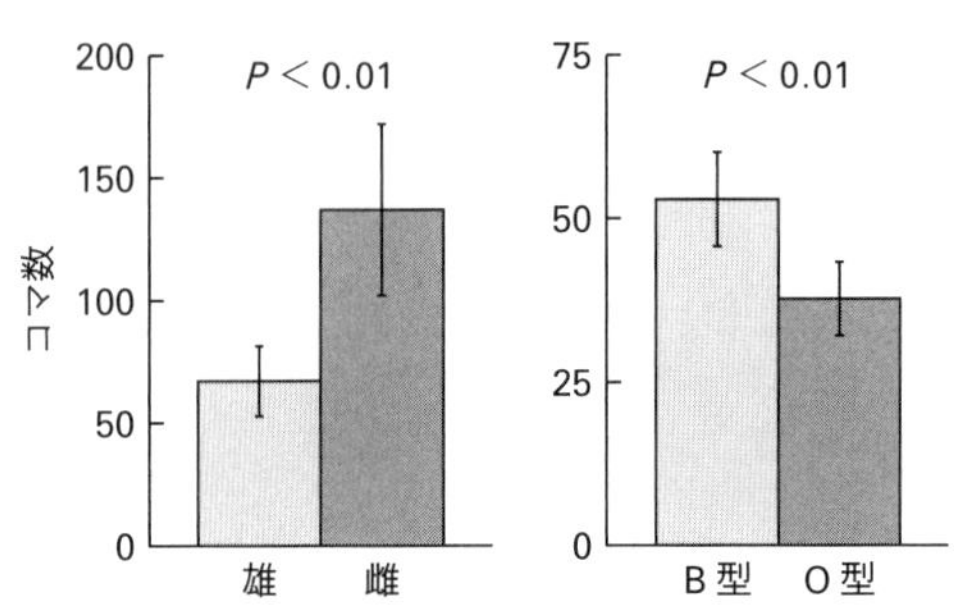

図 11-2　雌雄（左）や雌の型（右）に対する野外雄の反応

に対して接近コマ数を数えた。つまり、前もって種々の大きさの円を透明シートにコピーしておき、画面上で五センチメートルに相当する円の中心をモデルの中心に合わせて、接近したチョウの体の一部がその円と重なるコマ数を数えた。分析の結果、野外の雄たちは雌モデルの近くにより長く滞在することがわかった。これに対しモデルの位置（雌モデルが右側か左側か）や回転方向には決まった傾向は認められなかった。かくして、ミドリシジミの雄は翅の色で雌雄識別ができ、かつ地味な雌の色を好むことがわかった（図11-2左）。

追加的にメスアカミドリシジミでも同様の雌雄識別実験を行った。この種の実験は、長野県のチョウに詳しい蛭川憲男氏に教えていただいた長野市内のフィールドで行った。そこにはメスアカミドリシジミがごく身近に多数生息していた。この種の実験では、回転方向については、ミドリシジミの実験から効果のないことがわかっていたので考慮しなかった。結果はメスアカミドリシジミの雄も雌を好むというものだった。位置の効果はなかった。

ミドリシジミやメスアカミドリシジミでは、雌雄で翅の色彩がはっきり異なる。だからそれを基にして雌雄識別するのは当たり前と思われるかもしれない。しかし、こうしたことをきちんと証明した実験はほとんどない。またここで得られた、雄が派手な雄より地味な雌に惹かれるという事実は、生きものが子孫を残すという生物学的要求に応えるように作られていることを示すものと言えよう。

美しい雌を好む

さて、ミドリシジミの雄は雌の色を好むのだが、前述のようにこの種の雌にはいくつかの型がある。調査を行っている龍ケ崎のフィールドでは、こげ茶一色のO型雌とブルー紋のB型雌が多いので、この両者に対する雄の好みを調べてみた。美しいブルー紋の雌と地味な茶一色の雌とでは、雄はどちらを好むだろう。

例によってモデルを作り、野外の雄たちに提示する。雌雄の識別実験でやったように、モデルの位置や回転方向も考慮して実験した。この実験を行った初年度の結果では、野外の雄はB型雌の近くにより長く滞在する傾向を示した。だが時間的な制約から、統計的に十分なほどの実験数は得られなかった。

そこで追加的な実験をその後数年かけて私ひとりで行った。そうした中ではいろいろなことがあった。とにかく龍ヶ崎は京都から遠い。だからひとたび訪れると数日間は滞在し連日実験するのだが、必ずしも実験に好ましい日が続くとは限らない。強風もあれば激しい雨もある。幸いこのチョウは少々の雨でも活動するので、そのような条件下で実験を続けていたところ、突然モデルの回転が止まってしまった。どうしたのだろうとコントローラを見ると、焼けたような匂いがした。雨の雫がコントローラに入り、回転速度を調節するトランジスタが焼けたのである。こうした調査ではしばしばトラブルが起こる。コントローラから回転装置へのコードを足で引っ掛けて接続部を切断させたり、装置の載った竿を倒してモデルを破損させたり……と、事故はつきものである。そこで事故を想定して、接着剤やコード、ペンチや半田ゴテはもとより多少の抵抗やコンデンサーも保持していた。しかしさすがにトランジスタが焼けるのは想定していなかった。この修理にはトランジスタを交換するより仕方がない。京都に帰って修理し、再び戻るというわけにもいかない。京都へ戻るのに一日、修理に一日、龍ヶ崎へ来るのに一日、三日は潰れてしまう。運転もハードである。今年の調査はこれまでかと思った。しかし次の瞬間ひらめいた。龍ヶ崎は電子部品の宝庫、東京の秋葉原に近い。常磐線一本で行ける。そこで翌朝早々朝食のパンをかじりながら電車に乗り、トランジスタを買いに行った。とにかく急いでいたので八時前には秋葉原に着いた。ところが電気屋街はすべて閉まっている。一〇時か一時にならないと店は開かない。コーヒーなど飲んで暇をつぶし、ともかく必要部品を入手した。そして、その日の夕方には実験を再開できた。

雌の型を選ぶ実験は最終的には二九回行い、黒っぽいO型雌よりはブルーのきれいなB型雌を雄が好むことがわかった（図11－2右）。またこの実験においても、モデルの位置や回転方向は雄の行動に影響しなかった。

交尾回数の調査

ミドリシジミの雄はB型雌を好む。それなら、このフィールドではB型雌の方がO型雌より交尾回数が多いに違いない。そこで雌の交尾回数を調べることにした。交尾回数は雌を解剖して交尾嚢の中の精胞（精子の入った袋、一回の交尾で一つ受け取る）を数えるとわかる。しかしチョウの解剖などしたことのない私には、その体の中がどうなっているか、交尾嚢とはどのような形で、どこにあるかなど全く知らなかった。そこでモンシロチョウで知られた東京農工大学の小原嘉明さんに教えてもらうことにした。

ミドリシジミの雌サンプルをもって東京農工大学を訪れ、小原さんに渡したところ、小原さんはそのお腹を人差し指と親指の間に挟んで、「ほら、ここに精胞がある。触ってご覧。わかるから」と言ってこちらに返した。だが慣れていない私には、どれが精胞なのか一向にわからなかった。

ともかく小原さんのお陰で解剖の手法を学び、精胞も数えられるようになった。京都に帰って雌を多数調べたところ、精胞数はB型とO型で差がなかった。雄がB型雌を好むなら、B型雌の精胞数の方が多いはずである。なぜ差がないのだろう。理由はよくわからないが可能性としては、雄から好まれるB型雌は気難しいのに対し、好まれないO型雌は容易に雄を受け入れるのかもしれない。あるいはO型雌はB型雌より長寿のため交尾の機会が多いのかもしれない。こうした点は今後検討すべき課題である。

ミドリシジミの雄は翅の色で雌雄を識別し、雌を好む。同じ雌でも美しいブルーの雌を好む。また交尾回数はB型とO型で差がない。こうしたことをまとめて、ヨーロッパの昆虫学の雑誌に来田村君とともに発表することにした。[45] この論文の公表も、最初の実験から八年もかかってしまった。その背景には、ミドリシジミの仲間は年一回の発生で実験回数を増やしにくいこと、実験可能なフィールドが少なく、遠いことなどが関係している。

第12章　翅を誇示しない雄　～求愛行動～

これまでの実験から、ジョウザンミドリシジミの雄の美しい翅が他の雄の侵入を抑制すること、ミドリシジミの雄が相手の翅の色で雌雄や雌の型の識別をすることがわかった。これらはいずれも翅の色の働きを示すものだが、どれも雄の立場から見たものである。「雌が美しい雄を好むか」という問いについては、雌の立場から検討する必要がある。先立つ第4章では「糸付き雌」でミドリシジミの配偶行動が見られることを記したが、この手法は雌の立場からの検討に役立ちそうである。

ごく単純に考えるなら、こうすればいいだろう。ある地域の雄をほとんどすべて捕まえ、半数にはペイントを塗って地味な雄を作り、残りの半数は対照群としてアセトンのような透明な有機溶媒を塗って美しい雄のままとする。それらすべてを野外に放して、糸付き雌がどちらの雄をよく受け入れるか調べれば良さそうである。だが、こうした頭上の思考は容易だが、実践は容易ではない。まず、ある地域の雄をほとんどすべて捉えるのは難しい。ミドリシジミの仲間にはコレクターの採集意欲をそそるような、捕獲そのものが至難な種が多い。ときにジョウザンミドリシジミやミドリシジミのように狭い区域に多数の雄を産することもあるが、それはそれですべてを捕獲するのはほとんど不可能である。

また捉えた多数の個体の着色も大変である。着色作業とはこうである。チョウ一頭を台の上に載せ、展翅標本のように両翅を開いてテープで留める。当然生きたままである。暴れるチョウを弱らせないように、うまくやらなければならない。このあたりのところは、第4章で述べたチョウの糸付け作業に似ている（図4-2参照）。ここでは、糸を付けずにペイントを塗る。まず右翅の基部を縦糸で押さえてテープを外す。ペイントを塗った後、乾燥させて再びテープで押さえる。続いて左翅も同様に処理する。これで一頭できあがりである。およそ一五分はかかる。この作業はうまくやらないと、脚が外れたりペイントやアセトンが体まで浸透したりと、使いものにならないチョウができあがる。結構神経を使う作業である。これを数十頭もやるのには、かなりの精神力と体力がいる。

一方こうした難題はクリアできたとして、野外に放された雄たちは容易に糸付き雌に求愛するだろうか。ミドリシジミではうまくいきそうだったが、他の種でもうまくいくとは限らない。そこで、とりあえず手元にあったメスアカミドリシジミの飼育雌でこれを試みた。和歌山県大塔村には毎年メスアカミドリシジミが縄張りを張る安定したポイントがある。飼育雌を短い釣竿に取り付けて、着色などはしていない野外の自然雄の前に飛ばせてみた。雄は反応して飛び立つのだが、雌は暗がりに行こうとし、すぐ枝に絡まってしまう。絡まった位置が手の届くところならいいが、届かないところだと助けようがない。一年かけて育てた雌が一瞬にして失われてしまう。雌が枝に絡まないように竿の先を微妙に調節しなければならない。

このポイントのようにチョウがごく身近にいるケースはきわめて少ない。縄張り性のメスアカミドリシジミはもとより、ミドリシジミやエゾミドリシジミの雄は通常かなり高い枝先に縄張りを張る。一方、縄張りを作らないパトロール性のアカシジミの雄は、夕方の活動時には繋ぎ竿でも採りにくいような樹冠部を徘徊する。短い釣竿では役立たない。長い竿だと遠方まで雌を差し出せるが、そのコントロールは難しい。結局のところ「雌による美しい雄への選択実験」はもとより、ミドリシジミ類の「配偶行動の観察」さえ結構難しいことがわかってきた。

チョウの配偶行動については、一九四二年に動物行動学者のニコ・ティンバーゲンがキオビジャノメで、[46] 一九五〇年にマグヌスがミドリヒョウモンで野外調査を行っている。[47] これらは古典的研究である。その後多くの研究が行われ、配偶行動の多様性が明らかにされてきた。たとえばジョオウマダラの雄は匂いのするヘアペンシルと呼ばれる毛の束を腹端から雌の前に差し出すといった固定的パターンの求愛行動をする一方、[48] トンボマダラの一種の配偶行動は、雄が飛翔中に雌を捕まえてそのまま空中で交尾するといった非固定的なものである。[49] また、これまでに行われた研究はほとんどがタテハチョウ科とシロチョウ科に向けられてきた。シジミチョウ科についての報告はゼロではないが、きわめて少ない。もちろんミドリシジミ類については全くない。シジミチョウ科の配偶行動の解明はそれなりに価値がありそうである。

配偶行動の誘導

ミドリシジミ類の性的二型の種の雄は美しい翅をもち、それはいかにも雌が好みそうである。もし雌が美しい翅を好むなら、逆に雄としてはその美しい翅を積極的に雌に誇示するに違いない。つまり求愛に際して、性的二型の種の雄は性的一型の種の雄より、より大きく翅を開いたり、より積極的に羽ばたいたりするかもしれない。もしこのようなことがわかれば、それは間接的に雌による美しい雄への志向を示唆するだろう。ミドリシジミ類の求愛の様子を見たいと

図 12-1　未交尾の雌を載せたディスク。文献 51 より。

ころである。

そこで「糸付き雌」による手法の改良を試みた。新手法はディスク方式である（図12－1）。糸付き雌をディスク（円盤）の上に載せ、野外の雄の前に提示する。ただこれだけでは雄が気づかない可能性があるので、雄が接近したら糸を引いて強制的に雌を飛ばしてやる。雄は気づいて配偶行動へと移行するだろう。ディスクは市販の餅網で、ラッカーで黒く塗って表面にはアカメガシワやクズなど大きめの葉を両面テープで貼る。ディスクの脇には棒を立て、その上端から竹ヒゴを水平に伸ばして、その先端に雌に繋がる糸を結びつける。竹ヒゴの先はモーターで上方向ないし横方向に動かすことができる。雌は強制的に飛ばされることになる。しかし雌がディスクに止まらないと配偶行動は起こらないので、動かした竹ヒゴはすぐ元に戻してやる。ディスク・竹ヒゴ装置一式は捕虫網用の長い竿の先に取り付け、遠方まで差し出すことができる。竿の先端にあるモーターは細いケーブルを通じて手元のコントローラで操作する。このような装置なら、雌はディスク上の限られた範囲しか飛べないので枝に絡まることはない。樹上性のミドリシジミ類にふさわしい装置である。さて、これでうまくいくだろうか。

再度メスアカミドリシジミでテストしてみた。だが結果は相変わらずである。雄はやって来るが、雌がディスクに止まる前にその場を離れてしまう。また雌が止まっても、その脇に止まることはない。数回やってみたが同様だった。この操作を繰り返すと、雄は装置周辺を避けるようになる。いかにも糸付き雌や装置を不自然なものと認知しているかのようである。

そこで、かつてうまくいったミドリシジミでやってみた。雄はわりとよく反応して接近するが、止まった雌の脇に止まるのは稀だった。ときに止まることがあっても、すぐに、あるいは少しじっとしていた後に飛び去ってしまう。とりわけ雌が飛び立つとか、強く羽ばたくといった交尾拒否的行動をするわけでもないのに雄は関心を失う。

なぜ関心を失うのかわからないが、それでも忍耐強く試みを続けた。とにかく苦労して作ったディスク装置である。そして、ようやく一頭の雄の交尾に成功した。雌の脇に止まったその雄は、腹をU字型に曲げて雌に近づき交尾した。二〇一四年六月二六日のことである。その後も観察を繰り返し、三年に渡る延べ一四時間の試みの中で、飛翔雄の雌への接近が六五回、雌の腸への着地が三二回、腹を曲げる求愛が一九回、そして四回の交尾に成功した。接近あたりの交尾成功率は六パーセントである。これらの行動はすべてビデオに収められているので、交尾率は低いものの配偶行動の正確な分析が可能である。

忍耐強くやれば何とか交尾を誘導できそうである。気むずかし屋のメスアカミドリシジミで再度忍耐強く試みた。メスアカミドリシジミの活動時間は昼間である。日射のもとに置かれたディスクは高温になるので、雌は明らかにその上を嫌がる。そこでディスクを日当たりと木陰の境に置くことにした。完全な木陰は涼しいが、そこは雄からは見えにくい。時々刻々と動く太陽に合わせて、ディスクをこまめに移動させた。このようにして三年間で延べ一一時間の観察を行ったが、その間に一四回の雌への接近があり、そのうちの一回でのみ交尾に成功した（図12－2）。これがうまくいったのは暑い晴れの日だったが、このときは幸い薄雲がかかってきた。飛び回っていた雄がディスクに近づいたので、雌を飛び立たせた。雄は雌に接近したが、すぐ離れてしまった。だが直径三〇センチメートルほどの円を描いた後、再び雌に近づいてその左後ろに止まった。雄はゆっくり雌に近づき、二分半後に交尾した。交尾の成立は、雌と同方向を向いていた雄が腹端を結合した後、雌と反対向きになるのでわかる。メスアカミドリシジミの接近あたりの交尾成功率は七パーセントである。こうして、性的二型の種であるミドリ

図 12-2 ディスク上で交尾をするメスアカミドリシジミ。糸付き雌は右。文献 51 より。

シジミとメスアカミドリシジミで配偶行動の記録がとれた。

性的一型の種を見る

こうした間にも、性的一型の種であるアカシジミやウラゴマダラシジミでも配偶行動の観察を試みていた。アカシジミはチョウのコレクターにとってはポピュラーな身近な種である。昼間には幼虫の食樹であるコナラの樹を叩くとよく飛び出し、またクリの花にもよく止まっている。早朝には低いところにいることもある。しかし彼らの配偶活動は高所で行われる。夕方の六時前後に雄は高いコナラの樹冠部を次々と渡り歩く。雌を探しているのである。そうした高所を移動する雄の前に雌を提示しなければならない。

かつて滋賀県大津市北小松に、比較的低いところを次々とアカシジミが来る場所を知っていたが、現在では樹が切られてほとんどいなくなってしまった。あちこち探し回って、京都府北部の天橋立の近くに良さそうなところを見つけた。そこは大内峠と呼ばれ、地形は稜線になっていてコナラがよく生えていた。アカシジミはその稜線によく現れた。九メートルの繋ぎ竿の先にコナラの小枝をガムテープで括り付け、その葉の上に糸付き雌を止まらせた。この時点では、ディスク方式はまだ考案していなかった。雌を載せた竿の先をそろそろと上空へ伸ばしてコナラの高所に立て掛けた。小枝に止めた糸付き雌に野外雄が求愛するのを期待した。高所の雌の様子は一〇メートルほど離れたやや高いところからビデオで撮影した。二時間ほどの記録の間に、雄は一〇回ほどコナラの梢にやって来たが、雌に接近したのはほんの数回である。アカシジミはオレンジ色で、樹の葉の色とははっきり異なるので、雄は明らかにその存在に気づいているはずである。雄は雌にかなり近づくのだが、その脇に止まることはなかった。動かないものには魅力を感じないのかもしれない。二年間大内峠でアカシジミの試みをしたが、うまくいかなかった。

　そうこうしているうちに、身近な滋賀県でも良さそうなところを見つけた。伊香立竜華（いかだちりゅうげ）と呼ばれるところで、そこも稜線だった。こちら側はなだらかな斜面で、あちら側は急峻な崖として落ち込んでいる。アカシジミはあちら側から上がってきて稜線周辺を飛び回り、ときどき

図 12-3　アカシジミを載せたディスクの提示。文献 51 より。

こちらへも侵入してきた。そこで、雌を載せたディスクをこちら側から稜線へ差し出すことにした（図12－3）。竿は根元から三メートルほどのところを丈夫な三脚で支え、竿の根元には重石を置く。竿は三〇度ほどの角度で差し出されることになる。この環境は藪の中なので、適切なところに三脚を置けるよう草を刈ったり小枝を曲げたり、蔓を切ったり地面を掘ったり、とよぶんな作業をさせられた。今回はディスク方式である。雄が近づくと雌を強制的に飛ばせて止まらせるものである。アカシジミでの結果は、四年をかけた延べ一九時間の試みで、雄の接近六一回、着地一一回、求愛四回、交尾の成立は二回だった。接近あたりの交尾成功率は三パーセントである。

性的一型のもう一つの種であるウラゴマダラ

シジミは、翅の表に美しい青と白の中心部をもち、それを幅広い黒が取り巻いている（口絵②参照）。裏は全面白で周囲に黒い点々がある。この雌が止まっているときは、裏面の白が目立つ。この種の雄は午後に活動する。その行動を見ていると白いものに惹かれるのがよくわかる。クモの糸の白い塊やアワフキムシの白い泡によく近づく。雌を探しているのである。実際、止まっている白い雌には非常に強く惹かれる。そこでこの種の糸付き雌は、ディスク方式ではなく、葉などの上に止まらせて雄の通過するところに置くことにした。このプレゼント方式では、雄はほとんど必ず接近して雌の脇に止まった。だがそれは必ずしも交尾へとは向かわなかった。雌は飛び立ったり、翅を強く開いたりと拒否的な行動をした。そうすると雄は諦めて飛び去ってしまう。このように雌が未交尾であるにもかかわらず、少なくとも求愛の初期に拒否的に行動するのは、モンシロチョウやキチョウなど他の種でもよく見られている。(50) 結局のところウラゴマダラシジミでは、二年間に延べ七時間の試みで、着地が二八回、腹を曲げる求愛が一一回、そして交尾の成功は二回だった。着地あたりの交尾成功率は七パーセントである。

雄は翅を開くか

かくして性的二型の二種、一型の二種で配偶行動の記録がとれた。この他に性的一型のムモンアカシジミでも記録を得た。また性的二型のジョウザンミドリシジミとウラクロシジミでは、求愛行動の記録はとれたが、それらは一回の交尾にも至らなかった。ここでは、着地した雄が雌に接近し「腹を雌に向かって曲げたら」、その雄は求愛の意図があるものと判定した。したがってこのように交尾に至らずとも、求愛の記録が得られれば、求愛時の雄の翅の状態を知ることができる。つまり「雄がその翅表面を雌に見せようとしたか否か」がわかる。

性的二型の種の雄は、求愛時にその美しい翅を積極的に雌に見せるだろうか。性的二型のミドリシジミとメスアカミドリシジミの雄は、雌の脇への着地から交尾の成立に至る間、ほとんど完全に翅を閉じたままだった。また同様に性的二型のジョウザンミドリシジミもウラクロシジミも、求愛の間、翅を閉じたままだった。観察した性的二型の種すべてで、求愛時に翅を開く行動は見られなかった。一方、性的一型のムモンアカシジミの雄は翅を閉じたままだったが、アカシジミとウラゴマダラシジミの雄は、雌の脇への着地後に翅をバタバタと羽ばたかせた。翅の羽ばたきはその表を相手に見せるだろう。性的一型の種の方が積極的に翅の表を誇示したのである。結局のところ雄がキラキラ光る翅をもつ性的二型の種の雄は、求愛時にその美しい翅を雌に見せることはなかった。この結果は期待していた予測とはむしろ逆である。雄の行動から雌の好みを推定しようという試みは否定的な結果となった。

だがこれは必ずしも「雌による美しい雄への好みがないこと」を意味するわけではない。得られた結果は「雄が着地後の求愛時に美しい翅を見せようとしなかった」だけのことである。

だからことによると雌による好みは本当は存在していて、それは雄が雌の脇に止まる前に働いているのかもしれない。通常雌を見つけた雄は、雌の着地後にその脇に止まる。雌は、雄が接近・着地する時点でその翅の色を見ている可能性がある。それが美しいときには容易に受け入れ、地味なときには拒否的に反応するのかもしれない。この問題については、さらなる検討が必要である。

雄の翅の色が雌に作用するか否かは別として、ここで見られたミドリシジミ類の翅を閉じたままの求愛は注目に値する。というのは、この行動は他の種では見られないからである。ここでは具体的に紹介しなかったが、ヤマトシジミ（口絵⑩）やウラナミシジミ、モンシロチョウ、キチョウ、ミドリヒョウモン、ヒメウラナミジャノメなど調べたいずれの種においても求愛時に明瞭な翅の羽ばたきが見られた[51]。また他の研究者が調べたアカスジドクチョウ[52]やキオビジャノメ[46]などでも同様である。だから、求愛時に翅を開かないのはミドリシジミの仲間だけである。なぜミドリシジミの仲間だけが翅を開かないのだろう。本当の理由はわからないが、一つの可能性として「捕食」が考えられそうである。ミドリシジミ類は小型のシジミチョウ科に属し樹林性である。一方、求愛時に翅を羽ばたくヤマトシジミやウラナミシジミは小型だが、草原性のチョウである。昆虫のような小型の生きものの主要な捕食者は小鳥であるが、その作用を調べたスイス、バーゼル大学のマルティン・ニフェレルらは、樹林での小鳥による捕食圧は草原の七倍近いことを示すデータを報告している。[53] こうした事情から樹林に生息する小型のミドリシジミ類は、捕食者から身を守るために翅を閉じた目立たない求愛を採用しているのかもしれない。

第13章 雌に向かう雌 ～縄張りに雌出現～

ミドリシジミの仲間について「雌は美しい雄を好むか」という視点から、いくつかの試みをしてきた。これまで得られた結果は、必ずしもこの問いに肯定的なものではなかった。もし雌が雄の色に関心をもつなら、その色覚は雄の色に対応しているだろうと仮定して調べたが、そのような結果は得られなかった。また雌が美しい雄を好むなら、雄は積極的にその翅を雌に誇示するだろうと仮定して調べたが、結果は肯定的ではなかった。これらの結果は、雄の翅の色に対する雌の好みの存在を当然支持しないが、だからといって、それらは必ずしもこれを否定するものでもない。色覚の傾向は好みの傾向を反映するとは限らないし、求愛行動での調査は地上相（止まってから後）のみに限定されていた。雌の好みに関するさらなる検討は必要だろ

う。こうしたこれまでのストレートな問いかけとは別に、彼らの行動をいろいろ見ていたところ、ときに雌の好みにヒントを与えそうな事象に出会うこともあった。

なぜ縄張りをもつか

これまで翅モデルを使って調べてきたジョウザンミドリシジミもメスアカミドリシジミも、どちらも雄が非常にはっきりした縄張り行動を示す。彼らは特定の枝先などに止まり、その周辺を占有し、そこへ侵入する他の雄を追い払う。一方ミドリシジミは、これらほど強い傾向は示さないものの、どちらかと言うと縄張り性の種である。保育社刊行の『原色日本蝶類生態図鑑』には、雄が定まった空間を占有する種であると記されている。では彼らはなぜ縄張りを張るのだろう。

動物の基本は多数の子の生産である。もちろん自分の子の生産である。そのような習性は、その結果として残される子によって後世へと伝えられ広まっていく。だから動物は多くの自分の子を残そうと行動する。この傾向は雄であれ雌であれ同じである。雄は自分で子を産むことができないので、雌に産んでもらうより仕方がない。そこで雄は多数の雌を獲得しようとする。一方雌は、雄にも多少の関心はあろうが、他にもやることがある。求蜜は卵巣を発達させ多数の子の生産に貢献する。雌が食物に高い関心を示すのは、チョウに限らず多くの動物で見るところである。また雌にとっては適切な植物への産卵も大切である。これは確実な子の成長を保証する。したがって雌は雄だけではなく、食物や産卵場所にも高い関心を示す。一般的に、雄は雌を求めてアクティヴに野外を駆け回る一方、雌はどちらかと言うと隠蔽的で、比較的穏やかな気象条件下で活動する傾向がある。

したがって縄張り雄は、雌獲得のために縄張りを張っているものと予想される。雄にこのような目的があって縄張りを張っているとするなら、そこには雌がやって来るものと予想される。彼らの自然界での配偶行動を見たいのなら、縄張り雄の行動を見張っていればいいはずである。ところが意外とこれがうまくいかない。これまで随分縄張りを見張っていたことがあるが、ほとんどと言っていいほど雌はやって来なかった。むしろ雌は偶然の機会に目にすることが多かった[54]。ここではそんな話をいくつか紹介しよう。

ジョウザンミドリシジミの雌

一九九七年七月八日の朝、ジョウザンミドリシジミの多産地である青森県嶽温泉でのことである。以前からミドリシジミ類の配偶行動を見たいと思っていた私は、ジョウザンミドリシジミの羽化したての新鮮な雌に糸を付けて逃げないようにし、縄張り雄の前に提示することを試みていた。ところが不覚にも雌を繋いだ糸が指から離れてしまった。自由になった雌は糸を引きずったまま斜め上方に飛んでいった。縄張り雄はすかさずこれを見つけて後を追い、両者は一〇メートルほどの高みのミズナラの葉上に止まった。葉上でこの雌雄は何かをしていたが、残念ながら下からの目線のため詳細を見ることができなかった。だが雄はしばらく縄張りへは戻って来なかったので、雄は糸付き雌と交尾したに違いない。縄張り雄は通常、追跡対象が受け入れ態勢にない既交尾雌だったり、他の種の個体、またガのようなものなら速やかに戻って来るからである。この観察は、縄張りへ雌の侵入があれば、そこの雄は雌を獲得できることを示唆している。

二〇〇一年七月一四日午前九時頃、やはり嶽温泉でジョウザンミドリシジミの雄の縄張り行動を調べていたときのことである。このときは雄にマークを施してその行動を見ていた。すると偶然にも私の背後から一頭の雌らしきものが出現し、私の前を前方へと飛んで行った。マーク雄はこれを見つけてすかさず追い、八メートルほどの高所に両者は止まったように思われた。このときも下からの目線のため彼らの様子は全くわからなかった。そこで私は五分ほど彼らを放置することにした。もし侵入個体が未交尾雌であれば、彼らはこの間にしっかりと交尾するだろう。そうすれば、そっと枝を叩けば彼らは繋がったままヒラヒラを落ちてくるに違いない。チョウでは、交尾中のペアは脅かされると弱々しく飛ぶことが知られている。実際、彼らの止まったと思われる枝の背後を捕虫網の先端で軽くゆすったところ、彼らは繋がったままこちら

図 13-1 低い植物の葉上で交尾するジョウザンミドリシジミ（矢印）。手前が雄。文献 54 を改変。

の方へ降りてきた。このとき撮った写真が口絵⑨である。雄（上の個体）の前翅先端と後翅外縁に黒マークが付されている。私が連続観察していた一〇番の個体である。この観察から、未交尾雌は雄の縄張りに侵入すること、縄張り雄はその雌と交尾することがわかる。

以上の二例は青森県の嶽温泉のジョウザンミドリシジミのものだが、滋賀県北部の鳥越峠でもこの種の配偶行動を見かけた。二〇一四年七月一二日九時七分、私の見ていた雄の縄張りに雌が侵入した。その雌は地上近くの樹木の暗闇から出現し、雄の縄張り内を少し飛んだ後、地上五〇センチメートルほどの低い葉上に止まった。すかさず雄は脇に止まり数分のうちに交尾した（図13－1）。自然界でこの種の、雌の着地から交尾成立に至る配偶行動を観察したのは初めてである。この種の雄の求愛は、前章に記したように、翅を閉じたままのものだった。

メスアカミドリシジミの雌

和歌山県にはメスアカミドリシジミがコンスタントに出現する安定したポイントがある。大塔村安川渓谷の付近である。二〇〇一年六月二日一五時一〇分のこと、狭い谷間に縄張りを張る雄を見ていたところ、雌らしきものが出現し、その雄はこれを追って対岸の奥へと姿を消した。雄は雌を追う際、二〇センチメートルほどの上下運動をしながら追いかけた。雌追跡に際して雄が行う上下運動については、前章でも紹介したマグヌスによるミドリヒョウモンでの有名な報告がある。(47) それによると雄は、雌のやや下から前進する雌の直前を遮るかのように上昇飛翔し、その後、飛翔速度をゆるめて次第に降下して雌の背後下へと回る。そして再び雌直前への上昇飛翔を行う。雄はこの循環的飛翔を繰り返す。その上下運動の高さの変化は三〇センチメートルほどである。メスアカミドリシジミの雄も雌を遮るように上下運動したのかもしれない。この雄は雌追跡後ずっと戻って来なかったので、その雌と交尾したに違いない。

やはり安川渓谷でのこと。二〇〇三年六月三日一四時三〇分ごろ、観察していた雄の縄張りに雌が出現した。すかさず雄はそれを追って姿を消し、この縄張りは雄不在となった。ところが幸いにも、この不在空間にさらに別の雌が入って来た。この雌は縄張り空間を確認するかのようにくるりと大きく回って、雄がよく止まる枝先の付近に止まった。翅を開いたため前翅の大きなオレンジ色の紋が見え、確実に雌であることがわかった。この雌は未交尾雌で、雄の存在を期待してやって来たのだろうか。それとも既交尾雌で、たまたまやって来ただけなのだろうか。私は捕えてこれを確認したいという衝動に駆られた。雌が未交尾か既交尾かは解剖して交尾嚢内の精胞の有無を確認すればわかる。この侵入者がもし未交尾雌とわかれば、雄の縄張りへの未交尾雌の積極的な侵入が確認できる。一方このまま放置すれば、侵入雄がやって来て両者は交尾するかもしれない。自然界でのメスアカミドリシジミの配偶行動が目の前でじっくり観察できそうである。捕獲すべきか否か迷っていたところ、雌は飛び立って対岸の樹林内へと姿を消してしまった。こうなると捕獲してしまえば良かったと思うのだが仕方がない。それはともかく、これらの観察から未交尾雌らしきものが雄の縄張りに侵入することがわかる。この観察ではごく短時間に二頭の雌が縄張りに侵入したが、このときは薄雲の通過で気温が一時的に低下したので、雌の性的動機付けは涼しげな条件下で高まるように思われた。

　メスアカミドリシジミは和歌山県より長野県の方が多く見られる。長野県では、長野市内の鬼無里（きなさ）村にも適切な観察ポイントのあることを知人から教えてもらった。そこで私は雄の縄張り行動を調べていた。その際、個体識別のため翅の裏に黒い油性ペンで点を打っていた。美しい表は個体間の情報として重要と思われ、汚したくなかったからである。だがこの方式には難点もあった。彼らは止まっているとき、ほとんど翅を水平に開いている。だから、せっかく打った裏の点が見えない。そこで、そのような場合にはビデオで撮影することにしていた。チョウの飛び立つ瞬間には翅の裏が撮影されるからである。撮影では、翅の動きが止まるようにシャッター速度を一〇〇〇分の一秒にしておく。実際この方式はたしかに有効だったが、かなり厄介でもあった。このチョウはときに一〇分以上も平気で静止していることがあるからである。この撮影は結構忍耐を要した。

雄に向かう雌

二〇〇〇年七月一二日一四時二三分のこと。小さな谷の空間を占有していた一頭のメスアカミドリシジミの雄は、対岸から突き出た枝の葉上に止まった。こちらを向いて翅を開いている。何番だろう。撮影を続けていたところ、突然何かが画面に入った。侵入者と雄は絡み合ったように見え、両者はすぐ画面から姿を消した。一瞬の出来事である。ガでも侵入したのだろうか。テープを巻き戻してコマ送りして見たところ、侵入者は雌だった。以下は六〇分の一秒ごとの光景である（**口絵⑧**）。

最初のコマ1では静止雄の翅は水平に開かれているが、次のコマ2では翅は三〇度くらいまで閉じられ、それは飛び立ちの瞬間である。次のコマ3では、雄は翅を水平より下まで打ち下ろし、その身体は止まっていた葉から浮いた。コマ4では、雄の翅はほぼ閉じられている。そして画面下端の中央の葉の右側に、垂直の線が認められる。実はこの線は、これから侵入する雌の閉じられた翅の先端なのである。次のコマ5では、雄はこちらへ少し前進し、翅を大きく打ち下ろしている。手前には翅を打ち下ろした雌の姿が見える。本種の雌特有の前翅のオレンジ色の大きな紋がはっきり映っている。次のコマ6では、雄はこちら向き、雌は向こう向きで、互いに向き合うような姿勢である。次のコマ7では、それぞれの個体が前進し、雌雄の位置が入れ替わった。雄が手前でこちら向き、雌が向こうで向こう向きである。互いに後ろ向きである。引き続くコマ8〜11では、雌はそのまま前進して先に雄が静止していた葉上を通過する一方、雄は向きを変えて雌を追う。この雄の方向転換の際、翅の裏が真横から見え（10と12）、以前からそこを占有していた№.4の個体であることがわかる。そして雌は前進を続け、雄はそれを追い、両者は画面から姿を消した。

このことから、雄の占有する縄張りに雌が進入することがわかる。また雌の軌跡は、谷の下から出た後、雄の止まっていた正にその葉の上を通過するようにまっすぐ進んだことがわかる。この雌の行動をどう解釈すべきだろう。雌は雄の翅の色に惹かれ、まっすぐ雄に向かって飛んで行ったとは考えられないだろうか。もしそうなら、雌による雄の翅の色への好みがここに示されたことになる。

しかし別の解釈があるかもしれない。一般に雌は涼しいところを好む傾向がある。そこで侵入した雌は、私たち人間の感知し得ないような、たとえばかすかな涼しい風の流れなどをキャッチして、単にその流れに抗して飛んでいただけなのかもしれない。雌にそのような習性があれば、雌を手に入れようとする雄は、そうした流れの中で雌を待つだろう。そして観察されたような出会いになったのかもしれない。だがこの可能性は低いようである。私は、雌が出現する以前の雄の静止位置や飛び立ち、止まった時刻などを細かく記録していたが、それによると雄は狭い範囲だが、かなりあちこちに静止していた。だから、雄が雌の通過する位置を予知して止まっていたとは考えにくい。むしろ、雌は雄の静止位置に向かって飛んで来たと思われる。「雌による雄の色への好みがある」と言えそうだが、これはわずか一回の観察に過ぎない。同じような観察がある程度ないと、とても一般的なことは言えない。

第14章 ヤマトシジミ　〜雄の色を好む雌〜

ミドリシジミの仲間は魅力的なグループだが、はなはだ扱いにくいグループでもある。それでも何とかうまくいかないものかと、いろいろ試みをしていた。こうした試みとは別に、もう少しやりやすい種で何かできないかも模索していた。ミドリシジミの仲間は初夏に一斉に出現する。その時期は忙しいが、他の時期には行動に関してすることがない。そこで、この暇な時期に何かできそうな種を探した。

ヤマトシジミに目を向ける

私の研究室があった京都大学動物学教室の建物の南側には、狭いながら草地があり、そこには多数のカタバミが生えていてヤマトシジミがわりとたくさん飛んでいた。カタバミはこのチョウの幼虫の食草である。ヤマトシジミは北海道と東北北部を除けば、ほぼ周年にわたってごくふつうに見られるポピュラーな種である。庭先や路傍でよく見かける。その翅の表は、雄はブルーなのに対し雌はほとんど黒である。性的二型の種である。翅の裏は雌雄ともに明るい灰色の地に多数の黒点がある。チョウの配偶行動とはどのようなものか、とりあえずこの種で見てみることにした。

　実はヤマトシジミの配偶行動については、東京農工大学にいた和合治久（はるひさ）さんがすでに優れた研究をしていた。それは雄がどのようにして配偶相手を見つけ出しているか調べたものである。雄や雌の翅を使ってモデルを作り、野外の雄に提示して彼らがどのような要因に反応するか調べた[55]。それによると、雄は対象の性に関係なく翅の裏を見て接近することがわかった。これはある意味で合理的かもしれない。ヤマトシジミの雌は通常、植物上に翅を閉じて止まっているからである。だがこれだけでは雌雄の識別ができない。翅の裏は雄と雌で同じだからである。だがさらなる実験から、接近された個体が雄や交尾済雌の場合には、それは羽ばたきをして接近者を追い払うことを見つけた。これに対し、接近された個体が未交尾雌の場合には、それは静かに静止している。静止した個体に対しては、接近者は求愛へと移行する。こうした被接近者の行動の違いにより、彼らは適切に配偶行動をしているのである[56]。これらの実験は雄による対象認知を解明したものであるが、「なぜ雄は雌と異なる美しい翅をもつか」という点については何も言っていない。ヤマトシジミにはまだまだ研究の余地がある。

私はとにかく彼らの配偶行動を見ることにした。飼育によって得た未交尾雌を、野外を飛び回る雄の前に提示してみた。目立つ草の上に雌を止まらせてみたが、雄はあまり近寄って来ない。たまたま近寄っても雄は気づかずに上を通過してしまう。そのような経過が数回続いた後、驚いたことに雌は、気づかずに通過する雄に向かって絡みつくかのように飛び立ったのである。さすがに雄は気づいて雌を追い、雌が着地した後、脇に止まって求愛し、すぐに交尾した。この雌の行動は意外だった。交配に関しては雄は積極的だが、雌は消極的だと思っていたからである。雌も意外と積極的なのである。実はこの雌の行動は「誘い飛翔（solicitation flight）」と呼ばれ、中米に生息するアカスジドクチョウ[52]や北米に生息するイチマツシロチョウ[57]などで報告されている。

ヤマトシジミでこの雌の積極的な行動を使えば、雌の「意図」つまり雌による雄の色への好みを明らかにできるかもしれない。雄の美しいモデルと地味なモデルを作って同時に雌の前に提示したら、雌はどちらに積極的に誘い飛翔をするだろう。美しい雄モデルに対して高い割合で誘い飛翔をするなら、雌による美しい雄への好みがあると言えるだろう。

翅モデルを作る

とりあえずヤマトシジミの雌が、翅で作ったモデルに反応するか確認することにした。例によって翅モデルを作った。薄いプラスチック板の両面に翅の表と裏を貼って、雄モデルと雌モデルを作った。それらを三〇センチメートルほど離れた二個のモーターの先にそれぞれ取り付け、地面に止めた未交尾雌の前で回転させた。ただ回転させるだけでなく、自然のチョウの動きのように直径一〇センチメートルほどの円を描くように動かした。つまりチョウ・モデルは自転しながら公転したのである。自転しながら公転するモデルと言えば、規模はだいぶ違うが以前に紹介したマグヌスのメリーゴーラウンド・モデル（第11章）に似ている。

最初に行ったヤマトシジミの予備テストでは、雌はモデルの回転開始の三・二秒後に飛び立ち、まっすぐに雄モデルに接近した。そこでホバリング（停止飛翔）しながら七・一秒間滞在した後、元止まっていた位置の方向に行きかけたが、すぐ雄モデルのところに戻った。そして、さらに二・三秒間そこに滞在した後、モデルを離れて画面から姿を消した。雌モデルの方には全く行かなかった。

この結果は上々である。雌はモデルに惹かれることがわかった。しかも雄モデルに接近したのである。だがこの後者の点に関しては楽観できない。この予備テストでの環境は均一ではなく、チョウの止まっていた位置から見て右側の雌モデルの背景は、異物の影でやや暗い傾向があったからである。チョウは暗い方へは行きたがらないのかもしれない。いずれにせよ、ヤマトシジミでモデル実験はできそうである。

「雌が美しい雄を好む」ということを言うためには、より均一な条件下で多数の雌に対して公平な実験を行う必要がある。まず実験用の装置を作った。上記の予備テストでは、二つのモデルの付いた棒を手でもって公転させていたが、本実験では第三のモーターで公転させることにした。この種の実験では、手法の中に極力主観を入れないのが大切である。モデルの公転というのは、手でやるのは容易だが機械でやらせるのは結構難しい。ここでの公転は棒（主軸：二つのモデルを載せた一本の棒）を回転させずに円運動させるからである。工作は複雑で厄介だったが、それでも比較的小型の仕組みで目的に合った装置を作ることができた。モデルの自転速度はチョウの羽ばたき速度（秒速約一三回）とほぼ一致する秒速一一～一六回転とし、公転速度は任意に秒速二～四回転とした。モーターの回転速度はトランジスタを使った簡単な回路で調節し、その電源には単三乾電池三本を使った。装置の上にはチョウの行動を記録するためのビデオカメラを固定し、装置全体は三脚の上に載せた（図14－1）。

ヤマトシジミでの実験

次に実験用の未交尾雌の飼育である。野外から採集してきた雌に産卵させ、一か月ほどかけ

図 14-1　ヤマトシジミのモデル提示実験装置。文献 58 を改変。

て成虫へと育てる。蛹から羽化した直後のチョウは体が柔らかいので、実験には翌日以降のものを使用する。天候などで実験のできない日が続くこともあるが、羽化後七日以上経た個体は使用しないことにした。実験は強い風の日を除き、薄曇りから晴れの比較的穏やかな午前中に行った。成虫には餌として、糖やわずかのアミノ酸を含むポカリスエットを二倍に希釈して与えた。雌はカタバミの花をとくに好み、野外ではよく吸蜜するが、吸蜜中の雌は決して雄やモデルに関心を示さない。そこで実験前の雌には必ず餌を十分与えることにした。雌は一個体ずつ小型のアイスクリーム・カップに入れて実験地まで運んだ。

　まず雄モデルと雌モデルの比較である。先の予備テストと同じ条件である。実験はヤマトシジミの多くいるフィールドで行う。そのような環境でないと、外に出された雌はしばしばどこかへ飛んで行ってしまう。実験に際して最初にやることは、実験フィールドにいるすべてのヤマトシジミを捕虫網で捕えて除去することである。さもないと野外の雄が実験モデルに絡みついてきたり（図15－1参照）、テスト雌が野外雄に向かって飛んで行ったりするからである。捕獲したチョウは実験終了後に近くのフィールドに放してやる。

実験条件が整ったところで未交尾雌の入った容器を地上に置き、注意深く蓋を開ける。うまくやれば雌は逃げることはない。不思議なことに、容器の蓋が閉まっているときには雌は落ち着きなく容器内を動き回っているが、蓋を半分ほど開けると急に落ち着く。雌は蓋の閉じられた閉鎖空間にいるのか、周囲が外気とつながった解放空間にいるのかがわかるようである。容器は透明プラスチックなので、もちろん明るさの影響ではない。自然の空気の動きを肌で感じ取っているようである。ともかく蓋を遠ざけられた容器内の雌は、落ち着いて歩きながら容器の壁を上る。容器上端の縁まで来ると、ふつう翅を開いて日光浴をする。そうしている間に、二つのモデルを雌から見て前方の左右三〇センチメートルほどのところにすばやくセットする。

雌が日光浴を終えて翅を閉じたり、また前脚で触角を拭うなど環境に慣れたと思われるころ、モデルを回す。チョウは先の予備テストのように飛び立ってモデルに接近することもあるが、飛び立たないこともある。また飛び立ってもモデルに来ないこともある。飛び立たないときには一休みしてから再度テストする。飛び立ってもモデルに来なければ、雌が新たに止まった位置でテストする。雌が遠くへ飛び去りそうなときには、すばやく網を手にして追いかける。さもないと、ひと月かけて育てた未交尾雌を失うことになる。

ともかく飛び立った雌がモデルに来れば、行き先が雄モデルであれ雌モデルであれ、これで一回目のテストは終了となる。そして二回目のテストを行う。それは、モデルを離れたチョウが止まった位置で行う。ただし二回目のテストでは、モデルの左右の位置を入れ替える。つまり、一回目のテストで雄モデルが雌から見て右にあったら、二回目のテストではこれを左にする。二回目のテストでもモデルへの接近があれば、この雌でのテストは完了である。実際には二回のテストがスムーズにいくとは限らない。二回目のテストで雌が全く反応しなかったり、一回目のテストの終了後に雌に逃げられたりすることもある。ともかく二回のテストがうまくいった雌が二〇個体に達したら、雌雄モデルについての実験は終了である。

雌は雄の色を好むか

さて、雌は雄モデルによく来ただろうか。実験中の雌の動きを見ていると何となくわかる。どうも雄モデルの方へよく来るようである。しかし雌モデルにしか行かない場合や、左右両方のモデルを行き来することもよくある。正確な分析が必要である。雌のすべての行動は装置に取り付けられたビデオに記録されているので、それを家庭用ビデオにコピーして解析する。家庭用ビデオだと六〇分の一秒ごとの解析ができる。以前に記したミドリシジミのモデル実験と同様、半径五センチメートルの円の中心をチョウ・モデルの中心（胸部）の上に置き、飛び立った雌の身体の一部が円と重なった場合をモデルへの接近と見なし、そのコマ数を数える。接近コマ数は、モデルの左右の位置を入れ替えた二回のテストの合計である。

調べた二〇個体の雌のうち、一四個体は雄モデルの方に長時間滞在し、六個体は雌モデルの方に長時間滞在した。また平均滞在コマ数は、雄モデルに対しては七四・八コマだったが雌モデルに対しては三五・一コマだった。多くの雌が雄モデルの方に行く傾向を示し、雌たちはより長い時間を雄モデル付近で過ごした。得られたコマ数を統計的に分析したところ、未交尾雌の雄モデルへの強い有意な反応が確認された（口絵⑪）。

ヤマトシジミの雌は、黒い雌の翅よりは青い雄の翅の方へよく行くことがわかった。これは雌による青い色への好みを示しているだろうか。雄の翅と雌の翅とでは明るさが違う。雄の青い翅は明るく、雌の黒い翅は暗い。雌は単に明るい方を選んでいるだけなのかもしれない。この可能性を検討するためには、青と黒の比較ではなく、青と黄のような明るい別の色との比較が必要である。雌が明るい別の色を無視して青に来れば、「雌は青を好む」と結論できるだろう。これを確認するため、チョークで着色したモデルで実験することにした。というのは、モンキチョウの仲間の色の好みを調べた外国の論文に、黄色いチョークを使った実験があったからである。そのモンキチョウの雄の翅は黄の他に紫外線も少し反射しており、実験に使われた黄色いチョークも紫外線を少し反射していた。後に確認するのだが、わが国の黄色いチョークも多少の紫外線反射を含んでいる。

さて実験用モデルの作成である。ヤマトシジミの雄の翅の裏面をスキャナーでコンピュータに取り込み、やや厚手の白い紙にプリントして縁に沿って切り抜く。これでモデルの裏面はできあがりである。表面には青ないし黄のチョークで色付けする。実際の雄の翅は縁がやや暗くなっているので、モデルの翅にも黒い縁をつける。かくして青と黄のモデルはできあがりである。さっそくテストする。彼女らはチョークの青と黄のどちらに強く反応するだろう。

先の雌雄の実験同様、二〇個体の雌を調べる。結果は、先の雌雄の比較ほど強い傾向ではないが、雌たちは有意に青モデルの方を好むというものだった。調べた二〇個体のうち、青モデルに長時間滞在したのは一二個体、黄モデルに長時間滞在したのは八個体だった。また平均滞在コマ数は、青モデルが三六・六コマに対して黄モデルが二三・四コマだった。雌たちはチョークの色でも青の方を好んだ。どうやら雌は青い色を好むと言えそうである。しかしチョークの黄はチョークの青より本当に明るいのだろうか。これについては、「明るさとは何か」を考える必要がある。

明るさか青か

明るさとは単純に、眼が捉える光の量と見なすことができるだろう。たくさんの光を眼が捉えれば明るいと感じ、わずかの光しか眼が捉えなければ暗いと感じるだろう。眼の捉える光の量はいくつかの要因によって決まる。まず第一に、どのような波長の光を眼がよく捉えるか（分光感度）が関係する。昆虫に見える紫外線は私たち人間には見えない。紫外線は昆虫には明るく見えるが、私たちには明るく見えない。第二に、見る対象がどのような波長の光を反射するか（分光反射）も関係する。対象Aが紫外線だけを反射している場合、私たちはAを明るいものと見ることはない。さらに第三として、空からどのような波長の光が降り注いでいるか（分光日射）も関係する。赤い夕日のもとでは、赤い紙は明るく見えるが、青い紙はあまり明るく見えない。分光日射、分光反射、分光感度の三つの要因を考慮して、眼が捉える光の量つまり明るさを計算することができる。これら三つの要因の積を、波長（三〇〇～七〇〇ナノメートルの範囲）に対して積算する（波長ごとの積を合計する）のである。

こうした方式でチョウのモデルに対する明るさを計算するのだが、その際、分光日射としては、晴天の日に千葉県で測定した値が公表されているので、それを使う。分光反射は、モデルの表面を分光光度計で測定した値を使う。また分光感度としては、以前にミドリシジミ類の分光感度を紹介したが（第9章）、その測定の際に同時に測定したヤマトシジミの結果を使う。

これらの値から計算した明るさは、ヤマトシジミの雄の翅を一とした場合、雌の翅の明るさは〇・二七、チョークの青は一・五一、チョークの黄は一・〇五だった。チョークの青は雄の翅よりかなり明るく、チョークの黄は雄の翅とほぼ同じ明るさである。チョウはチョークの青をチョークの黄の約一・五倍の明るさで見ている。つまり私たちが明るいであろうと思ったチョークの黄は、チョウにとってはチョークの青より暗いのである。したがってチョークの実験においても雌は明るい方を選んでいたので、雌が明るさではなく青い色を好んでいる、とは結論できないことになった。

ここで少々脇道だが、私たちが本当にチョークの黄を青より明るく見ているか検討してみよう。人の分光感度については「標準比視感度」というものがあるので、これを使う。これによって計算すると、雄の翅の明るさを一とした場合、雌の翅は〇・三八、チョークの青は一・七〇、チョークの黄は二・七八になった。私たちはチョークの黄をチョークの青の一・六倍の明るさで見ている。たしかに私たちは黄を結構明るく感じるのである。

さてチョウの雌は、チョークの実験でも明るく見える方を選んでいた。雌たちは明るさではなく、青い色で対象を選んでいると言うためには、青よりももっと明るい色のモデルを作って検討する必要がある。そこでチョークの白のモデルを作ることにした。チョークの白は、チョウにとってチョークの青の一・四八倍の明るさである。雌は明るい白を選ぶだろうか、暗い青を選ぶだろうか。

青を好む雌

実験結果は、両者に差がないというものだった。白モデルより青モデルを好んだ雌は一五個体であるのに対して、その逆を好んだのは五個体だった。また平均滞在コマ数は、青モデル九一・四コマに対して白モデル七二・一コマだった。これらの数値だけ見ると雌による青モデルへの好みが認められそうだが、個体ごとの数値にはバラツキが大きく、統計的に有意な差は得られなかった。結局、かなり明るい白チョークを使った実験からは、雌が青い色を好むという結論は得られなかった。おそらく白という色にもある程度の誘引性があるのだろう。これにはヤマトシジミの翅の裏が白っぽいことが関係しているようである。

そもそもチョークの青は本物の雄の翅の青とはかなり違う。だからチョークの青には、それほど強い誘引性がないのだろう。そこで本物の雄の青と、チョークの白との比較を試みた。結果は、雄の青の方が圧倒的に強い誘引性を示すというものだった。明るさを見ると、雄の青の一・〇〇に対してチョークの白は二・二三である。雌は圧倒的に暗いにもかかわらず青を選んでいた。彼女らは明るさではなく、色でもって相手を選んでいると言えそうである。

しかしながら、この実験に使われた二つのモデルの表面構造はあまりにも違い過ぎる。一方はチョークの粉末であり、他方はチョウの鱗粉である。これでは少々不公平である。そこでチョークの白を、モンシロチョウの雌の翅に置き換えることにした。雌の翅にしたのは、雄の翅よりも紫外線反射が強いため、チョウには明るく見えると予想されたからである。結果は、ヤマトシジミの雄の青い翅の方が、モンシロチョウの白い翅より有意に誘引性が強いというものだった。ちなみに、モンシロチョウの翅の明るさは一・一一と、ヤマトシジミの雄の翅とほぼ同じである。どうやら雌たちは明るさではなく、色でもって対象を選んでいると言えよう。

この実験では、雌にとっては一方は自種の雄の翅であり、他方は他種の雌の翅である。雌が青という色を好むことを示すためには、どちらも異なる種で比較してみるのもいいだろう。そこで青としてはヒメシジミの雄の青い翅（明るさ〇・七〇）を、もう一方としてはキチョウの雄の黄色い翅（〇・六四）を使うことにした。後者の翅は紫外線も反射している。結果は、ヒメシジミの雄の青い翅の方が圧倒的な強さで雌を誘引するというものだった。この実験でのモデルはどちらも異種の翅であり、明るさもほぼ同じである。したがって、ヤマトシジミの雌は明るさよりも青という色でもって対象を選んでいると結論できるだろう[58]。

ミドリシジミで雌の好みを検出しようと随分試みてきたが、うまくいっていなかった。これに対しヤマトシジミは、実に見事に雌の好みを表現してくれた。私にとってはヤマトシジミは有難い種である。ヤマトシジミは道端などにごくふつうに見られ、チョウのコレクターにとってはこれほどつまらない種はないだろう。だが私にとっては、彼らは大いに歓迎すべき種なのである。

第15章 モデルを花と間違える　～実験中のできごと～

「チョウの雌は雄の美しい翅の色を好むか」という問いに対して、ヤマトシジミで実験をしてきた。結果は「好む」というものだった。ヤマトシジミの雌たちは雄の美しく青い翅を好んだ。これを証明するための実験では、青や黒、黄など異なる色の翅モデルが使われたが、そこで調べられた雌（テスト雌）たちは雄の青い翅モデルに頻繁にやって来た。だが、その対照となった黒や黄の翅モデルにも雌たちはある程度やって来た。もし雌が青い色を好むなら、彼女らはひたすら青モデルに行き、他の色モデルは無視してもいいはずである。だが実際にはそうはならなかった。なぜ雌たちは青以外の色にも行くのだろう。

動くものに惹かれる

まず第一に注目すべき点は、雌が動くものに惹かれるという事実である。実験においてモデルが回転していなければ、決して彼女らはモデルにやって来ることはない。実験では、モデルの回転は地上に置かれた雌が落ち着いたころに開始されたが、雌が回転開始以前にモデルに来ることは決してなかった。

このように雌は動くものに反応するのだが、動いていれば何でもいいかというと、そうでもない。彼女らの周辺にはしばしばモンシロチョウやキチョウが飛び回っているが、雌は決してそれらには行かない。これには大きさや色の違いが考えられるが、実際には色はそれほど大きな問題ではないだろう。これまで行ってきた一連の実験の中で、雌はときおり白いモンシロチョウや黄色いキチョウの翅で作ったモデルにもやって来たからである。雌は自分と同じくらいの大きさの動く物体に惹かれると言えるだろう。実際、前章で触れた和合氏のヤマトシジミの実験においても(55)、古くティンバーゲンが行ったキオビジャノメの実験においても(46)、チョウが自分と同じくらいのサイズのモデルに惹かれるのが示されている。

これで雌が適当な大きさの動くモデルに惹かれるのはわかったが、ではなぜ彼女らはあまり好きでもない黒や黄のモデルに、ときに行くのだろう。実験中の彼女らの行動を見ていると何となくその理由がわかる。まず気づくことは、彼女らは風下に行く傾向があるという点である。

これは空を飛ぶチョウにとって風上より風下の方が行きやすいからだろう。そこで彼女らはとりあえず風下のモデルに向かう傾向がある。しかし回転するモデルは、自然の雄の羽ばたきとはだいぶ違う。色の点滅速度は一定だし、その運動パターンも規則的である。いわゆるチョウの動きをしていない。そこで雌は接近したモデルを不自然と感じ、ときに風上のモデルにも行ってみることになるのだろう。実際、彼女らはしばしば提示された二つのモデルの間を行き来した。だが青いモデルにやや長く滞在する傾向があった。雌は雄と思われる方をよりよく見ようとしたのか、あるいはそれに対して、より積極的に誘いをかけようとしたのかもしれない。ともかく風はチョウの行動に影響を与えている。

不均一な環境

自然界でチョウに作用する要因は風だけではない。地上に置かれたテスト雌にとっては、取り囲む環境はほとんど一様ではない。地上から二〇センチメートルの高さで回転する二つのモデルの背後は同一ではない。一方の背後には丘があってやや暗く、他方の背後は明るく空に抜けているかもしれない。チョウは暑い時期には暗い環境を好み、寒い時期には明るい環境を好む傾向がある。また周辺植物も均一に生えているわけではない。一方のモデルの付近には比較的高い草があり、他方のモデルは低い草で囲われているかもしれない。野外実験はこのような不均一な環境のもとで行われる。チョウのもつ色の好みが強ければ、不均一な環境はほとんど無視され、雌はひたすら好みの色に行くだろう。だが好みがあまり強くなければ、環境はそれを覆い隠してしまうだろう。

そこで比較的弱い傾向を検出するためには、より均一の環境を選ぶことや、実験個体数を増やす必要がある。実験個体数の増加は、一回ごとの環境の偏りを均一化させる傾向がある。一方、もしチョウに特定の色への好みがないとするなら、実験数をいくら増やしても、またいくら均一な環境を選んだとしても、決して有意な結果は得られない。

実験は効率よく行いたい。もしチョウにある傾向があるなら、それを明瞭かつ手軽に検出したいものである。そのためには、より均一な環境を選ぶのが重要である。近くに家や壁のない広い草地を選ぶとか、実験は風の穏やかな日に行うなど、より均一な条件を選ぶ必要がある。実際ヤマトシジミの実験はそのように配慮して行われてきた。一個体の雌に対して二つのモデルの位置を左右入れ替えるのも、環境均一化手法の一つだったのである。

モデルよりは本物の雄

チョウの実験をしていると、いろいろなことに気づく。そうしたものの中には彼らの行動の理解に示唆的なものもある。ここでは、そんな話を二つ紹介しよう。

一つは、雌は自然界の雄に強く惹かれるというものである。実験では雌たちの好みを正確に検出できるよう、実験地にいる同種の個体をすべて排除することにしていた。しかし実際にはこれは不可能で、しばしば採り残しや他の生息地からの侵入個体もいた。そのような場合気づくとすぐに除去するのだが、モデルの回転中にはそのまま実験を続行するより仕方がない。そんなとき、しばしばテスト雌は回転するモデルを無視して侵入雄に向かって飛んで行った。いわゆる自然雄に対して「誘い飛翔」をしたのである。回転モデルはテスト雌からわずか三〇センチメートルしか離れていないのに、雌はそれを無視して、ときに八〇センチメートルほど離れた飛翔雄に向かって飛んで行った。雌にとっては、回転モデルより自然雄の方がはるかに魅力的なのである。ではなぜテスト雌は、同じ雄の翅からできているのに、回転モデルを無視して飛翔雄の方に行くのだろう。

これには翅の運動様式が関係しているかもしれない。回転モデルの翅の運動は規則的だが、飛翔雄の翅の運動はそれに比べるとかなり不規則である。また翅から反射される光の違いがあるかもしれない。飛翔雄の翅と回転モデルの翅とでは、少なくとも私たち人間の眼には前者の方が美しく見える。実験中にはときに、侵入雄が回転する雄翅のモデルに絡みつくことがあるが（図15－1）、そのような映像を見てみると侵入雄の方が美しく見える。これには翅の状態が関係しているようである。飛翔中のチョウの翅は上下運動しているが、その運動方向の逆転

図 15-1　実験モデルに絡みつくヤマトシジミの野外雄

の際、つまり翅の閉じから開きへ移る際あるいは開きから閉じへ移る際には、翅は大きく撓(しな)ると言われている。上下運動するチョウの翅は重力に逆らって身体を空中に保ったり、身体を前進させたりしている。その効率的作用のため、翅はモデルのような硬い板ではなく、適当に柔らかく撓っているはずである。こうした撓りは、おそらく構造色の翅の偏った反射と相まって、雄特有の美しい光を効率よく周囲にまき散らしているように思われる。ヤマトシジミを含むヒメシジミ族の多くの種の雄は、特定の方向に強い光を反射する構造色の翅をもっている。(59) これに対し回転モデルの翅では撓りはなく、そのような光のまき散らしは小さいのだろう。こうした目に見える美しさの違いが、テスト雌が飛翔雄に強く惹かれる根拠のようである。これは取りも直さず、雌が美しい雄の色に惹かれることを示唆している。

さらに雌が美しい雄の色に惹かれることを示唆する根拠として、侵入雌への反応がある。テスト雌は侵入雄には反応するが、採り残しの雌や侵入雌に対しては決して反応しない。かりに侵入雌がほんのわずか一〇センチメートルのところを飛んだとしても、そのような雌は全く無視される。こうした事実は「雌が雄の美しい色を好んでいる」という印象を強く与える。しかしこうした観察だけでは決定的とは言えない。飛翔雄の翅と飛翔雌の翅とでは動きが違う可能性がある。テスト雌は「色ではなく翅の動きや飛翔パターンを見ているに過ぎない」という反論が成り立つ。明確な結論を出すためには、やはり前章で述べたような翅モデルを使った厳密な実験が必要なのである。

モデルを間違える

もう一つの話に移ろう。雌が青い色を好むであろうという想定のもとに、青と黄のチョークで色付けしたモデルで実験していたときのことである。モデルの回転中、テスト雌は飛び立ったが、いずれのモデルにも接近しなかった。そこでモデルの回転を止めたところ、その瞬間、雌は黄色いモデルにやって来て止まった。同じ止まるのなら、雄の翅の色に近い青いモデルに止まって欲しかった。しかし事実は黄色だった。雌を追い払おうとモーターのスイッチを入れ

図 15-2　カタバミを好むヤマトシジミの雌

たところ雌は弾き飛ばされた。そこでモーターのスイッチを切った瞬間、雌は再び黄色いモデルにやって来て止まった。なぜだろう。よく見ると雌は口吻を伸ばして黄色いモデルの表面を叩いていた。明らかに黄色いモデルを花と間違えたのである。黄色は彼女らが好んで吸蜜するカタバミの花の色である（図15-2）。このテスト雌は雄の色ではなく、花の蜜を求めていたのである。空腹の雌は通常、性的関心を示さないので、実験前には十分餌を与えていたのだが、中にはこのような雌も含まれていた。おそらく人口餌であるポカリスエットより自然のカタバミの蜜の方がはるかに美味しいのだろう。当然ながら雌には性的関心以外の要求もあるので、こうした事情を考慮しつつ慎重に実験を行うべきである。

第16章 目を外に向ける　～研究の流れ～

一連の実験から、ヤマトシジミの雌は雄の翅の色を好むことがわかった。これはシジミチョウの仲間でははじめての知見である。だが他のグループに目を向けると、雌の好みに関するいくつかの報告のあることがわかる。ここでは少しばかり、それらに目を向けてみよう。

紫外線を好むモンキチョウ

雄の翅の色への雌の好みを証明した最初の研究は、一九七八年にシルバーグリードたちが報告したモンキチョウについてのものである(60)。モンキチョウと言うとわが国には、私たちの周辺にごくふつうに見られるいわゆるモンキチョウと、高山蝶で絶滅危惧種として保護されているミヤマモンキチョウの二種がいるが、米国には多数の種が生息し、中でもアメリカモンキチョウとオオアメリカモンキチョウはごくふつうに見られる。両種はその名が示すようにどちらも黄色っぽい翅で似通っており、生息地も一部重複している。そこで彼らはお互いに交雑してもよさそうだが、実際には交雑は稀である。シルバーグリードたちはこの二種がどのようにしてお互いの種を識別しているか調べた。

この二種の翅の色は似通っているが厳密には同じではない。オオアメリカモンキチョウの翅はオレンジ色なのに対し、アメリカモンキチョウの翅は黄色である。また前者の雄の翅には紫外線の反射も見られる。これらの色彩は翅背面の中央部に関するものだが、その外側は二種とも黒である。そこで翅の中央部をペイントで塗ったり他種の中央部を貼ったりして、異なる色彩の雄を作ってそれぞれの雌がどのような雄と交配するか調べた。その結果、多少のバラツキはあるものの全体として、それぞれの種の雌は自分の種の雄と交配していた。とりわけアメリカモンキチョウの雌は、対象となる雄の翅の色とは関係なく、自分と同じ種なら、いかなる雄とも交尾した。翅の中央部が赤であろうが青であろうが、緑や黒など、どのような色に塗られようが、また紫外線反射があろうがあるまいが、翅の色とは全く関係なく自種の雄を受け入れていた。したがってアメリカモンキチョウの雌は翅の色ではなく匂い（フェロモン）でもって種を識別しているようだった。これに対しオオアメリカモンキチョウの雌は、これとは少し違っていた。この種の雌はその種の雄に特有な紫外線反射がないと求愛者を受け入れない。翅に色を塗ると必然的に紫外線反射は失われるが、そのような雄たちは雌からは受け入れられなかった。また長期飼育によって得られた、翅表面が別種のアメリカモンキチョウのような黄色い雄でも、紫外線を反射する場合には雌によって受け入れられた。雌にとっては、紫外線は重要なのである。では紫外線反射があればそれで十分かと言うと、必ずしもそうではない。紫外線を反射しないアメリカモンキチョウの翅に、紫外線を反射するオオアメリカモンキチョウの翅を貼っても、そのような雄は雌からは受け入れられない。種が違うとダメなのである。こうしたことからオオアメリカモンキチョウの雌による識別には、紫外線反射に加えてフェロモンの関与も推定された。

結局のところアメリカモンキチョウは匂いでもって、オオアメリカモンキチョウは紫外線と匂いでもって種を識別していると結論された。オオアメリカモンキチョウの雌にとっては雄のもつ紫外線反射は不可欠であり、言い換えればこの種の雌は紫外線を反射する翅が好きなのである。

雄の色を好むチョウたち

このモンキチョウの研究に続いて一九八一年には、ルトウスキーがイチマツシロチョウで雌による雄の翅の色への好みを調べた[61]。このシロチョウの翅には、とりわけ雌で黒い格子状の模様が見られ、それがこの種の名の由来である。英語では「チェックのある（checkered）」シロチョウと呼ばれている。この種もわが国に生息するモンシロチョウと同様、雌雄ともに全体的に白く見えるが、雌は特異的に紫外線を反射している。紫外線を反射するのが雌であるという点では、雄が紫外線を反射する先のオオアメリカモンキチョウとは逆である。ルトウスキーは「この種の雌は紫外線を反射しない翅を好むだろう」との仮定のもとに、紫外線を反射するモデルやしないモデルを作って実験した。雌の翅は紫外線を反射するのだが、これをアンモニアで処理すると紫外線反射が失われる。作成したモデルを、ちょうど釣竿の餌のように棒の先の糸に結び付け、野外を飛ぶ雌の前に差し出した。野外の雌が近づくとそれをゆるやかに上下運動させて、接近雌がどのくらいの時間追跡するか調べた。その結果野外雌は、雄のような紫外線反射のないモデルを長時間追跡したが、雌のような紫外線反射のあるモデルへの追跡時間は短かった。野外雌は、アンモニア処理で紫外線反射を欠いた雌の翅に対しても、自然の雄の翅と同様、長時間の追跡飛翔をした。雌は雄特有の紫外線反射のない翅を好んだのである。

以上紹介した二種はシロチョウ科の仲間だったが、ここでアゲハチョウ科のトラフアゲハが登場する。この種の雄は日本のキアゲハに似ていて、黄色の地に黒い縁や帯をもつ。一方雌には、雄に似た黄色い型とこれとは全く異なる黒い型が存在する。黒色型の雌は、幼虫時代にウマノスズクサを食べて体内に毒を貯める、黒色のアオジャコウアゲハに擬態している。トラフアゲハの黒い雌は体内に毒をもたないにもかかわらず毒蝶のような外観を呈していて、それゆえ捕食者から襲われにくい。トラフアゲハの場合には雌の一部のみが擬態している。

チョウの擬態に関しては興味深い現象が知られている。たとえば毒蝶のアオジャコウアゲハに擬態するアメリカアオイチモンジのように、雌雄ともに擬態する種もいれば、トラフアゲハのように雌の一部のみが擬態する種もいる。ここで重要なのは、一方の性に擬態者が限られるときには、それは常に雌だという点である。雄のみが擬態する種は見つかっていない。ではなぜ一方の性に擬態が限られるときには、雄は擬態しないのだろう。これに対する一つの説明は、雌には雄を変異させない力があるというものである。つまり雌には擬態する以前の原始的な色彩を好む傾向があるため、その好みが雄を擬態的に変化させないというのである。英国の博物学者トーマス・ベルトの仮説である。この仮説は論理的には説得力のあるものだが、実際に証明されたわけではない。

そこでバージニア工科大学のロバート・クレブスたちは、トラフアゲハの雌に原始的色彩（黄色）への好みがあるか否かの実証実験を一九八八年に試みた[62]。前翅と後翅の両面を体側の三ミリメートルと外縁の黒色部を除いてペイントで黒く塗った雄を作り、原始的色彩から逸脱した実際には存在しない仮定的な「擬態雄」とした。これに対し、翅の同じ領域を黄色に塗った雄を原始的色彩の「非擬態雄」とした。この二つのタイプの雄に対して未交尾雌がどのように振る舞うか、大型ケージの中で観察した。

結果として雌は、黄色い非擬態雄を五二パーセントの割合で、黒い擬態雄を三六パーセントの割合で受け入れた。黄色い雄の方が交尾率は高かったが、その差は統計的に有意ではなかった。雌は、非擬態雄も擬態雄も同じように受け入れたのである。ところが、ケージ内を飛ぶ雄に向かって雌が接近する、いわゆる「誘い飛翔」は、非擬態的な黄色い雄に対しては頻繁に行われたが、擬態的な黒い雄に対しては稀だった。その割合は黄色い雄の八五パーセントに対して黒い雄の一二パーセントだった。この差は統計的に有意だった。雌は明らかに黄色を好み、黒を避けたのである。この結果は上記のベルトの仮説を支持している。トラフアゲハの雌は雄の本来もつ黄色い翅を好むのである。

その後、一九八九年にはワシントン大学のダイアン・ウィーアナズが、アメリカニシシロチョウの雌が前翅外縁の黒色紋の発達した雄を好むことを示した。[63] またオーストラリア、ジェイムズ・クック大学のダレル・ケンプは、二〇〇七年にリュウキュウムラサキで[64]（図16－1）、二〇〇八年にはキチョウで[65]、それぞれの雌が翅背面から紫外線を強く反射する同種の雄を好むことを報告した。さらに二〇一三年にはルトウスキーらが、アオジャコウアゲハの雌が後翅背面から紫外線を反射する雄を好むことを示した。[66] これらに前章で紹介したヤマトシジミの結果

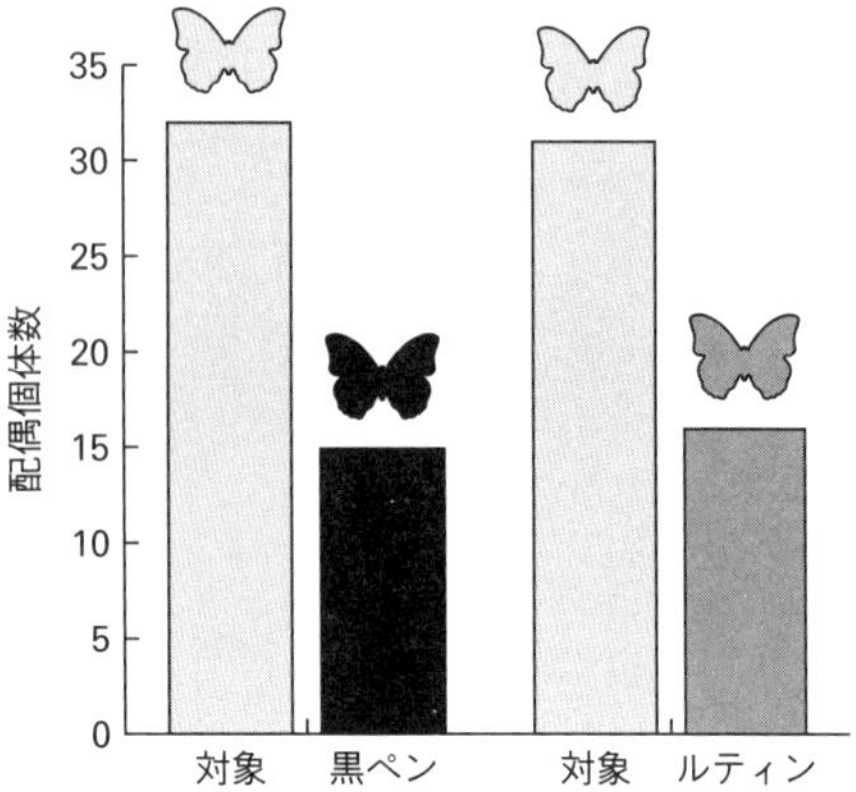

図 16-1　翅表面の紫外線反射を完全に除去した個体（黒ペン）と、半分に抑えた個体（ルティン）の、反射の完全な個体（対照）との比較。文献 64 を改変。

を加えると、現在のところ雌による雄の翅の色への好みはシロチョウ科四種、アゲハチョウ科二種、タテハチョウ科一種、シジミチョウ科一種の計八種で証明されたことになる。

同性内淘汰

このように何種かのポジティブな結果を見てくると、雌による雄の翅の色への好みは一般的だと思われるかもしれない。しかし必ずしもそうではない。ネガティブな結果もある。先に紹介したシルバーグリードらの調べたアメリカモンキチョウがその例である。その雌は、翅がさまざまな色に塗られた雄たちを区別なく受け入れた。翅の色への好みはないのである。またシルバーグリードは一九八四年に、とりわけ雄が背面に美しく赤い帯をもつベニオビタテハで、紅帯を黒く塗られた雄でも自然色の赤い雄でも分け隔てなく雌に受け入れられることを報告している[6]。この種の雄がもつ美しい紅帯は、雌にとって重要ではないのである。さらに一九九六年にはミシガン州立大学のロバート・レーダーハウスらが、クロキアゲハの黒く塗られた雄も自然色の黄色い雄も同じように雌に受け入れられることを報告している。[67] 雌が好みを示す種と示さない種がアゲハチョウ科、タテハチョウ科、シロチョウ科いずれにも混在するのである。チョウは色彩豊かな翅をもち、かつ雄の方がより美しいので、雌たちはその美しさに惹かれるであろうと思われがちだが、以上のようにそれは必ずしも一般的ではない。

ここで「美しい雄」について、もう一度考えてみよう。そもそも「雄はなぜ美しいのか」という問いに対して、「雌が美しい雄を好むからだ」と考えたのはダーウィンである。だがこの「異性間淘汰」説とは異なる考えもある。第2章で紹介した「雄同士の争いが作用した」とするウォーレスの「同性内淘汰」説である。この場合には、美しい雄は闘争に強く、したがって雌の来るような縄張りを独占して多くの子を残す。こうして雄の翅は美しくなるのである。この場合には、とくに雌から好まれなくても雄の翅は美しくなる。だがここで仮定された「美しいものは強い」ということは、あり得るのだろうか。角や牙をもつ動物では、より大きな武器をもつものが闘争に強いのは直感的にもよくわかるが、より美しいものが闘争に強いというのは少々わかりにくい。ここでは、美しい雄は闘争に有利なのか、そのような雄は雌獲得率が高いのか、チョウの世界における同性内淘汰説について検討してみよう。

まずはじめに美しい雄は縄張り獲得に有利か否か見てみよう。レーダーハウスらのクロキアゲハの研究はすでに紹介したが、彼らは縄張り保持への翅の色の効果も調べている。彼らは黒く塗った飼育雄（人工的な擬態雄）と黄色く塗った飼育雄（原始的な自然雄）を多数野外に放し、どちらがよく縄張りを占有するか調べた。結果は黄色の七六パーセントに対して黒の三三パーセントだった。その差は統計的に有意だった。黄色雄は縄張り保持に有利なのである。さらに彼らは雄同士の闘争時間も測っている。それによると黄色雄同士の争いは二四秒と短いのに対し、黒雄同士や黄と黒の雄間の争いは六六秒と有意に長かった。したがって黒い雄たちは長時間の闘争を強いられ疲弊し、縄張り獲得が難しいのである。美しい雄は縄張り闘争に有利なのである。

美しい雄が縄張り保持に有利なことを示す種がもう一つある。第10章で紹介したジョウザンミドリシジミである。この種の雄の翅の色は、他の雄の縄張り形成に抑制的に作用した。

縄張り保持と雌獲得

では次に、縄張り保持が雌獲得に有利か見てみよう。ミドリシジミ類のジョウザンミドリシジミとメスアカミドリシジミでは、雌が縄張り雄と交尾する例を第13章で紹介したが、雌獲得の量的なデータとしてはスウェーデン、ストックホルム大学のペール＝オロフ・ウィックマンの発表した二つの論文がある。一九八三年にウィックマンは、キマダラジャノメの未交尾雌を野外に放して、それらがどこで交尾するか追跡調査した。[68] 実はこの作業はかなり大変である。翅をもつ彼女らは私たちの通れない場所を平気で通るからである。放した一四頭の未交尾雌のうち、交尾が確認できたのはわずか四頭だったが、そのいずれもが縄張り雄と交尾した。さらに興味深いのは、それらのうちの二頭は、雄の縄張りへ向かう途中に放浪雄（縄張りをもたない雄）に求愛されたが、いずれもがこれを拒否した。交尾は縄張り内に限られたのである。これに続き一九八五年にはチャイロヒメヒカゲで、放した未交尾雌や自然の雌がどこで交尾するか調べた。[69] その結果、確認された三〇回の交尾のうち、縄張り内が八七パーセントなのに対して縄張り外は一三パーセントだった。これらの結果は、縄張り保持が配偶者獲得に圧倒的に有利なことを示している。

以上のことから、美しい雄は縄張り獲得に有利であり、縄張りは雌獲得に有利であることがわかる。つまり、美しい雄は縄張り保持を通じて、有利に雌を獲得しているのである。同性内淘汰が美しい雄を作るであろうことを支持する種は、現在のところここに紹介したクロキアゲハとジョウザンミドリシジミの二種だけである。

結局のところ雄の美しい翅は、雌による好みによって作られる場合と、雄同士の争いによって作られる場合のあることがわかる。したがってチョウにおいては、ダーウィンの言う「異性間淘汰説」もウォーレスの言う「同性内淘汰説」もいくつかの種で支持される。しかしながら、

図 16-2　自然豊かな岩木山

チョウの色彩の配偶に及ぼす影響を調べた研究は、本章で紹介したように決して多いとは言えない。これからも動物の色彩の効果に関する多くの研究が行われることを期待したい。

あとがき

本書では、「チョウの雄はなぜ美しいか」という問いから話を進めてきた。これには「雌が美しい雄を好むからだ」という説と、「美しい雄は他雄を排除するからだ」という説があった。前者はヤマトシジミによって、後者はジョウザンミドリシジミによって支持された。だが両説は排他的ではなく、ヤマトシジミ雄による「他雄の排斥」やジョウザンミドリシジミ雌による「美しい雄への好み」の可能性も残っている。後者についてはアプローチの難しさから検討できなかった。これらは今後の問題と言えよう。

私はこれまでチョウの翅の色について調べてきたが、そうした中で思ったことを二つほど、ここで紹介しよう。

一つは、幅広い経験は大切だろうということである。私は翅の色に関する実験でいろいろ装置を作ったが、その中では子供のころ身に付けた電気の知識が役立った。私の電気への関心は小学校の授業での「鉱石ラジオ」作成に起因する。あんな「石ころ」で何で音が聞こえるのか不思議だった。この不思議は中学時代の真空管ラジオの作成に繋がった。そうした中、私は抵抗やコンデンサーの働きを知り、整流や増幅とは何かを知った。現在のラジオは真空管ではないが、当時得た電気の基本的知識は今も生きている。そうした知識のお蔭で、それなりの装置を作り、それなりの結果を得た。だが、もし私がこうした知識とは異なる経験をしていたら、全く別の方向から調査を行い、ここよりはるかに優れた成果を得ていたかもしれない。

ある人が新しく何かをするとき、そこでは過去の経験が作用するだろう。子供のころは自分が将来どうなるかわからない。そして何が役立ち、何が役立たないかもわからない。ただ言えることは、将来何になるにしても、多様な経験は幅広い知識や発想をもたらし、可能性の高い人物を作るだろう、ということである。子供時代はあまり狭いところに集中することなく、また効率などにこだわらず、下らないことを含めて、気の向くまま幅広く経験を積むのがいいと思う。

もう一つは、自然への関心である。ここでは雄の美しさに焦点を当ててきたが、その中ではいくつかの問題がクローズアップされた。チョウの翅が特定の方向に光を反射すること、その方向は前翅と後翅で異なること、また前翅と後翅で鱗粉の形態が異なることも見つかった。さらに本書では扱わなかったが、鱗粉の密度も前翅と後翅で違っている。これらの現象はミドリシジミ類の一部の雄で見つかったが、それらはほとんど知られていない。こうした現象はチョウ類のどのようなグループに広がり、また、なぜそのようになっているのだろう。あることに目を向けて注意深く調べていくと、さまざまな問題が浮かび上がってくる。

最近は技術の進歩からデジタル的手法への関心が高まっている。だが、身の回りの生きた自然にも注意を払いたい。私たちは自然の中で生まれ、自然の中で進化してきた。私たちの身体はもとより、私たちの心も自然の中でうまく機能するよう作られている。さまざまな生きものを育む豊かな自然を保つとともに、それに目を向け、その仕組みの解明にも力を注ぎたい。自然から出発する研究がますます増えてほしいと思っている。

本書を書くにあたり多くの方々の協力を得た。本書の中で触れることのできなかった方々をここに紹介したい。研究における測定手法に関しては京都大学の沼田英治氏、統計的手法に関しては同研究室の森哲(あきら)氏、そして数学的解析法では東京大学の荻原直道氏のお世話になった。飼育用卵の入手では鳴門教育大学の小汐千春さん、沖縄県有銘(あるめ)小学校の小笠航(わたる)さんに、実験補助としては酪農学園大学の原村隆司さん、神戸大学の辻かおるさんにご協力いただいた。適切な調査地の情報は放送大学の内田明彦さん、東京在住の紺野真一さんからいただいた。本書の中の絵は「わら細工」作家の藤井桃子さんに描いていただいた。また本書を制作するにあたり化学同人の加藤貴広・津留貴彰両氏よりご支援・ご助言をいただいた。図の転載については日本動物学会、日本昆虫学会、日本鱗翅学会および Lepidopterists' Society より許可をいただいた。ご協力いただいた方々に心よりお礼申し上げます。

二〇二三年二月

今福　道夫

pipevine swallowtail (*Battus philenor*) is used in mate choice by females but not sexual discrimination by males. J Insect Behav 26:200–211.

67. Lederhouse RC, Scriber JM. 1996. Intrasexual selection constrains the evolution of the dorsal color pattern of male black swallowtail butterflies, *Papilio polyxenes*. Evolution 50:717–722.
68. Wickman P-O, Wiklund C. 1983. Territorial defence and its seasonal decline in the speckled wood butterfly (*Pararge aegeria*). Anim Behav 31:1206–1216.
69. Wickman P-O. 1985. Territorial defence and mating success in males of the small heath butterfly, *Coenonympha pamphilus* L. (Lepidoptera: Satyridae). Anim Behav 33:1162–1168.

51. Imafuku M, Kitamura T, Uchida A. 2021. Comparison of courtship behavior in fourteen butterfly species. J Lepid Soc 75:14-24.
52. Crane J. 1955. Imaginal behavior of a Trinidad butterfly, *Heliconius erato hydara* Hewitson, with special reference to the social use of color. Zoologica 40:167-196.
53. Nyffeler M, Şekercioğlu ÇH, Whelan CJ. 2018. Insectivorous birds consume an estimated 400-500 million tons of prey annually. Sci Nat 105 (47):1-13.
54. Imafuku M. 2021. Female visits to male territory and mating in two theclini species (Lycaenidae). Lepid Sci 72:1-5.
55. Wago H, Unno K, Suzuki Y. 1976. Studies on the mating behavior of the pale grass blue, *Zizeeria maha argia* (Lepidoptera: Lycaenidae). I. Recognition of conspecific individuals by flying males. Appl Entomol Zool 11:302-311.
56. Wago H. 1977. Studies on the mating behavior of the pale grass blue, *Zizeeria maha argia* (Lepidoptera, Lycaenidae). II. Recognition of the proper mate by the male. Kontyû, Tokyo 45:92-96.
57. Rutowski RL. 1980. Courtship solicitation by females of the checkered white butterfly, *Pieris protodice*. Behav Ecol Sociobiol 7:113-117.
58. Imafuku M, Kitamura T. 2018. Preference of virgin females for male wing color in a sexually dichromatic butterfly, *Pseudozizeeria maha* (Lycaenidae). J Lepid Soc 72:212-217.
59. Bálint Z, Kertész K, Piszter G et al. 2012. The well-tuned blues: the role of structural colours as optical signals in the species recognition of a local butterfly fauna (Lepidoptera: Lycaenidae: Polyommatinae). J R Soc Interface 9:1745-1756.
60. Silberglied RE, Taylor OR Jr. 1978. Ultraviolet reflection and its behavioral role in the courtship of the sulfur butterflies *Colias eurytheme* and *C. philodice* (Lepidoptera, Pieridae). Behav Ecol Sociobiol 3:203-243.
61. Rutowski RL. 1981. Sexual discrimination using visual cues in the checkered white butterfly (*Pieris protodice*). Z Tierpsychol 55:325-334.
62. Krebs RA, West DA. 1988. Female mate preference and the evolution of female-limited Batesian mimicry. Evolution 42:1101-1104.
63. Wiernasz DC. 1989. Female choice and sexual selection of male wing melanin pattern in *Pieris occidentalis* (Lepidoptera). Evolution 43:1672-1682.
64. Kemp DJ. 2007. Female butterflies prefer males bearing bright iridescent ornamentation. Proc R Soc B 274:1043-1047.
65. Kemp DJ. 2008. Female mating biases for bright ultraviolet iridescence in the butterfly *Eurema hecabe* (Pieridae). Behav Ecol 19:1-8.
66. Rutowski RL, Rajyaguru PK. 2013. Male-specific iridescent coloration in the

35. Briscoe AD, Chittka L. 2001. The evolution of color vision in insects. Annu Rev Entomol 46:471–510.
36. Arikawa K, Inokuma K, Eguchi E. 1987. Pentachromatic visual system in a butterfly. Naturwissenschaften 74:297–298.
37. Swihart SL. 1967. Neural adaptations in the visual pathway of certain heliconiine butterflies, and related forms, to variations in wing coloration. Zoologica 52:1–14.
38. Eguchi E, Watanabe K, Hariyama T et al. 1982. A comparison of electrophysiologically determined spectral responses in 35 species of Lepidoptera. J Insect Physiol 28:675–682.
39. Imafuku M, Shimizu I, Imai H et al. 2007. Sexual difference in color sense in a lycaenid butterfly, *Narathura japonica*. Zool Sci 24:611–613.
40. Takeuchi T, Imafuku M. 2005. Territorial behavior of *Favonius taxila* (Lycaenidae): territory size and persistency. J Res Lepid 38:59–66.
41. Imafuku M, Hirose Y. 2016. Effect of bright wing color of males on other males in *Favonius taxila* (Lepidoptera: Lycaenidae) with sexual dimorphism in wing color. Entomol Sci 19:138–141.
42. 駒井卓. 1952. 蝶の遺伝(3)―ミドリシジミについて―. 新昆虫 5(6):5–8.
43. 松井安俊・松井英子. 2005. ミドリシジミの雌多型とはなにか. 多摩虫 47:1–10.
44. Magnus D. 1958. Experimentelle Untersuchungen zur Bionomie und Ethologie des Kaisermantels *Argynnis paphia* L. (Lep. Nymph.) I. Über optische Auslöser von Anfliegereaktionen und ihre Bedeutung für das Sichfinden der Geschlechter. Z Tierpsychol 15:397–426.
45. Imafuku M, Kitamura T. 2015. Ability of males of two theclini species (Lepidoptera: Lycaenidae) to discriminate between sexes and different types of females based on the colour of their wings. Eur J Entomol 112:328–333.
46. Tinbergen N, Meeuse BJD, Boerema LK et al. 1942. Die Balz des Samtfalters, *Eumenis* (=*Satyrus*) *semele* (L.). Z Tierpsychol 5:182–226.
47. Magnus D. 1950. Beobachtungen zur Balz und Eiablage des Kaisermantels *Argynnis paphia* L. (Lep., Nymphalidae). Z Tierpsychol 7:435–449.
48. Brower LP, Brower JVZ, Cranston FP. 1965. Courtship behavior of the queen butterfly, *Danaus gilippus berenice* (Cramer). Zoologica 50:1–39.
49. Pliske TE. 1975. Courtship behavior and use of chemical communication by males of certain species of Ithomiine butterflies (Nymphalidae: Lepidoptera). Ann Ent Soc Am 68:935–942.
50. Suzuki Y, Nakanishi A, Shima H et al. 1977. Mating behaviour of four Japanese species of the genus *Pieris* (Lepidoptera, Pieridae). Kontyû, Tokyo 45:300–313.

Narathura bazalus (Lycaenidae). Trans Lepid Soc Jpn 53:197-203.

18. Imafuku M. 2013. Sexual differences in spectral sensitivity and wing colouration of 13 species of Japanese Thecline butterflies (Lepidoptera: Lycaenidae). Eur J Entomol 110:435-442.
19. 梅鉢幸重. 2000. 『動物の色素―多様な色彩の世界―』. 内田老鶴圃, 東京.
20. Mason CW. 1927. Structural colors in insects. II. J Phys Chem 31:321-354.
21. Morris RB. 1975. Iridescence from diffraction structures in the wing scales of *Callophrys rubi*, the green hairstreak. J Entomol (A) 49:149-154.
22. Ghiradella H. 1991. Light and color on the wing: structural colors in butterflies and moths. Appl Optics 30:3492-3500.
23. Ghiradella H. 1998. Hairs, bristles, and scales. In Locke M (ed): Microscopic anatomy of invertebrates. Vol. 11A: Insecta, John Wiley and Sons, New York, pp.257-287.
24. Imafuku M, Kubota HY, Inouye K. 2012. Wing colors based on arrangement of the multilayer structure of wing scales in lycaenid butterflies (Insecta: Lepidoptera). Entomol Sci 15:400-407.
25. Yoshida A, Shinkawa T, Aoki K. 1983. Periodical arrangement of scales on lepidopteran (butterfly and moth) wings. Proc Jpn Acad B 59: 236-239.
26. Wilts DB, Leertouwer HL, Stavenga DG. 2009. Imaging scatterometry and microspectrophotometry of lycaenid butterfly wing scales with perforated multilayers. J R Soc Interface 6:S185-S192.
27. Imafuku M, Ogihara N. 2016. Wing scale orientation alters reflection directions in the green hairstreak *Chrysozephyrus smaragdinus* (Lycaenidae; Lepidoptera). Zool Sci 33:616-622.
28. Nachtigall W. 1967. Aerodynamische Messungen am Tragflügelsystem segelnder Schmetterlinge. Z vergl Physiol 54:210-231.
29. Dudley R. 2000. The biomechanics of insect flight. Princeton University Press, Princeton, New Jersey.
30. Hess C. 1914. Untersuchungen zur Physiologie des Gesichtssinnes der Fische. Z Biol 63:245-274.
31. Frisch K. 1915. Der Farbensinn und Formensinn der Biene. Zool Jahrb, Abt allgem Zool Physiol Tiere 31:1-182.
32. Lubbock J. 1929. Ants bees and wasps. A record of observations on the habits of the social Hymenoptera. Kegan Paul, Trench, Trubner, London.
33. Weiss HB. 1943. The group behavior of 14,000 insects to colors. Ent News 54:152-156.
34. Weiss HB, Soraci FA, McCoy EE Jr. 1941. Notes on the reactions of certain insects to different wave-lengths of light. J N Y Ent Soc 49:1-20.

参考文献

1. Darwin C. 1883. The descent of man, and selection in relation to sex. New ed., revised and augmented. D. Appleton and Company, New York.
2. ウォーレス AR. 1993. 『マレー諸島』. 新妻昭夫訳. 筑摩書房.
3. Wallace AR. 1889. Darwinism: An exposition of the theory of natural selection with some of its applications. Macmillan and Co., London.
4. Darwin C. 1880. The sexual colours of certain butterflies. Nature 21:237.
5. Rutowski RL. 2003. Visual ecology of adult butterflies. In Boggs CL, Watt WB, Ehrlich PR (eds): Butterflies: ecology and evolution taking flight. The University of Chicago Press, Chicago and London, pp.9-25.
6. Silberglied RE. 1984. Visual communication and sexual selection among butterflies. In Vane-Wright RI, Ackery PR (eds): The biology of butterflies. Academic Press, London, pp.207-223.
7. Hongo Y. 2003. Appraising behaviour during male-male interaction in the Japanese horned beetle *Trypoxylus dichotomus septentrionalis* (Kono). Behaviour 140:501-517.
8. McDonald MV. 1989. Function of song in Scott's seaside sparrow, *Ammodramus maritimus peninsulae*. Anim Behav 38:468-485.
9. Shirôzu T, Yamamoto H. 1956. A generic revision and the phylogeny of the tribe Theclini (Lepidoptera; Lycaenidae). Sieboldia 1:329-421.
10. 平嶋義宏. 1999. 『新版蝶の学名―その語源と解説―』. 九州大学出版会.
11. Scott JA. 1973. Mating of butterflies. J Res Lepid 11:99-127.
12. Obara Y. 1970. Studies on the mating behavior of the white cabbage butterfly, *Pieris rapae crucivora* Boisduval. III. Near-ultra-violet reflection as the signal of intraspecific communication. Z Vergl Physiol 69:99-116.
13. Imafuku M, Hirose Y, Takeuchi T. 2002. Wing colors of *Chrysozephyrus* butterflies (Lepidoptera; Lycaenidae): Ultraviolet reflection by males. Zool Sci 19:175-183.
14. Imafuku M. 2008. Variation in UV light reflected from the wings of *Favonius* and *Quercusia* butterflies. Entomol Sci 11:75-80.
15. 川副昭人・若林守男. 1980. 『原色日本蝶類図鑑』. 保育社, 大阪.
16. 矢後勝也・三枝豊平・百々由希子・他. 2004. ミトコンドリア DNA の ND5 領域に基づいて推論されたシジミチョウ科の系統関係について（鱗翅目, アゲハチョウ上科）. 蝶類 DNA 研究会ニュースレター No. 12:51-62.
17. Imafuku M, Gotoh S, Takeuchi T. 2002. Ultraviolet reflection by the male of

今福道夫（いまふく・みちお）

1944年東京に生まれる。1968年東京農工大学農学部卒業、1974年京都大学大学院理学研究科博士課程退学、1976年理学博士。京都大学理学部助手、助教授、教授を経て、現在、京都大学名誉教授。専門は動物行動学、とくにヤドカリ、カニ、昆虫など無脊椎動物の行動の研究。

著書に『ヤドカリの殻交換』さ・え・ら書房（1988）、『ヤドカリの浜辺』フレーベル館（1998）、『大人のための動物行動学入門』昭和堂（2018）ほか。

DOJIN選書 096
チョウの翅（はね）は、なぜ美（うつく）しいか　その謎（なぞ）を追（お）いかけて

第1版　第1刷　2023年3月31日

検印廃止

著　者　今福道夫
発行者　曽根良介
発行所　株式会社化学同人
600-8074　京都市下京区仏光寺通柳馬場西入ル
編集部　TEL：075-352-3711　FAX：075-352-0371
営業部　TEL：075-352-3373　FAX：075-351-8301
振替　01010-7-5702
https://www.kagakudojin.co.jp　webmaster@kagakudojin.co.jp
装　幀　BAUMDORF・木村由久
印刷・製本　創栄図書印刷株式会社

ISBN978-4-7598-2174-1

本書のご感想をお寄せください

DOJIN選書・好評既刊

極端豪雨はなぜ毎年のように発生するのか
——気象のしくみを理解し、地球温暖化との関係をさぐる
川瀬宏明
線状降水帯や、大気の状態が不安定など、豪雨をもたらす要因を気象のメカニズムからわかりやすく解説する。豪雨への備えがわかる一冊。

新型コロナ　データで迫るその姿
——エビデンスに基づき理解する
浦島充佳
死亡リスクを上げる因子、世界の死亡率格差が大きい理由、ワクチンの有効性、効果が期待される治療薬など、医学論文を読み解いて示される科学的根拠。

タコは海のスーパーインテリジェンス
——海底の賢者が見せる驚異の知性
池田譲
タコの知性と身体をキーワードに、学習、記憶、道具使用、社会性など、いまだ多くの謎に包まれたその素顔に迫る。このタコを見よ！

日本に現れたオーロラの謎
——時空を超えて読み解く「赤気」の記録
片岡龍峰
鎌倉時代の『明月記』、江戸時代の『星解』、昭和三三年の連続写真、さらに『日本書紀』の赤気。日本オーロラ史をひもとく、時空を超えた旅が始まる。

海洋プラスチックごみ問題の真実
——マイクロプラスチックの実態と未来予測
磯辺篤彦
汚染の実態からマイクロプラスチックの影響まで、科学的な根拠に基づき解説。海洋プラスチックごみ研究の第一人者が、新たな環境問題への挑戦を真摯に語る。